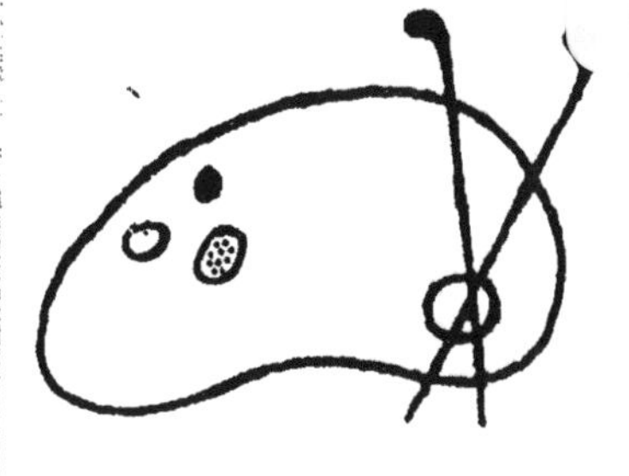

Début d'une série de documents
en couleur

MÉMOIRES

PUBLIÉS PAR LA

SOCIÉTÉ D'ENCOURAGEMENT

POUR

L'INDUSTRIE NATIONALE

ÉTUDE EXPÉRIMENTALE

DU

RIVETAGE

PAR

CH. FRÉMONT

PARIS

SIÈGE DE LA SOCIÉTÉ, RUE DE RENNES, 44

1906

Paris. — Typ. Philippe Renouard, 19, rue des Saints-Pères. — 46139.

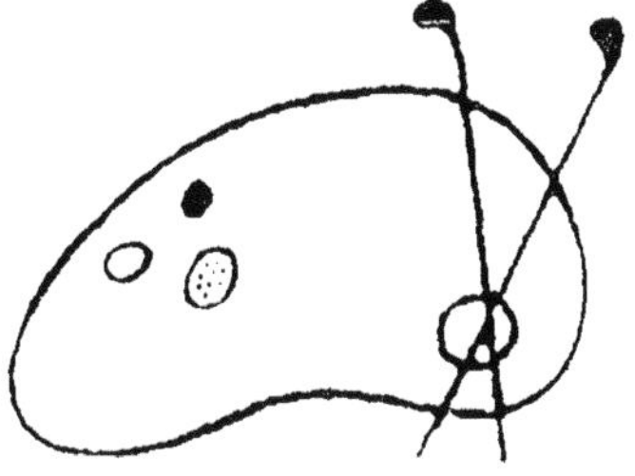

Fin d'une série de documents
en couleur

MÉMOIRES

PUBLIÉS PAR LA

SOCIÉTÉ D'ENCOURAGEMENT

POUR

L'INDUSTRIE NATIONALE

ANNÉE 1906

MÉMOIRES

PUBLIÉS PAR LA

SOCIÉTÉ D'ENCOURAGEMENT

POUR

L'INDUSTRIE NATIONALE

ÉTUDE EXPÉRIMENTALE

DU

RIVETAGE

PAR

CH. FRÉMONT

PARIS

.SIÈGE DE LA SOCIÉTÉ, RUE DE RENNES, 44

1906

ÉTUDE EXPÉRIMENTALE

DU

RIVETAGE

« River, c'est rabattre la pointe d'un clou et y faire une nouvelle tête pour l'affermir. »

Telle est la définition donnée dans l'Encyclopédie (1).

« Ce clou, appelé *rivet*, sert à arrêter quelques pièces avec d'autres, ainsi :

« L'éventailliste rassemble toutes les flèches d'un éventail vers le centre, par le moyen d'un rivet qui traverse tous les brins.

« L'armurier rabat l'extrémité de la soie sur le bouton du pommeau de l'épée.

« L'horloger, l'orfèvre, le coutelier, le serrurier, le taillandier, etc., rivent des pièces diverses avec des rivets ou clous de dimensions relativement petites. »

L'usage de ces petits rivets remonte presque au début de la métallurgie, car les plus anciennes pièces métalliques contiennent parfois des parties rivées. Grignon, Grivaud de la Vincelle, etc., nous montrent des pièces de fer rivées à l'époque gallo-romaine.

Quand le clou devait réunir des ferrures de plus grandes dimensions, il était plus gros et portait le nom de *boulon rivé*.

Ainsi, Monge, à propos de la construction des moules pour la coulée des canons, nous dit que les fortes barres longitudinales et transversales de ces moules sont clouées les unes aux autres par des boulons rivés (2).

(1) *Encyclopédie*, 1765, t. XIV, p. 303.
(2) Monge, an II, *Art de fabriquer les canons*, p. 66.

C'est ce gros rivet fabriqué et posé à chaud qui, seul, fait l'objet de notre étude.

PRÉPARATION DU RIVET A LA MAIN, A LA MACHINE

Au commencement du XIX° siècle, le rivet se forgeait uniquement au marteau à main.

Dans cette fabrication à la main, le métal destiné à former la tête du rivet était refoulé sur lui-même par les *chocs successifs* du marteau.

Sur une *bombarde*, sorte d'enclume en fonte (fig. 1), était placée la *clouière* ou matrice destinée à recevoir la tige cylindrique de fer de longueur voulue, chauffée à blanc à l'une de ses extrémités.

Une tige d'acier, d'une longueur déterminée, butant à sa partie inférieure

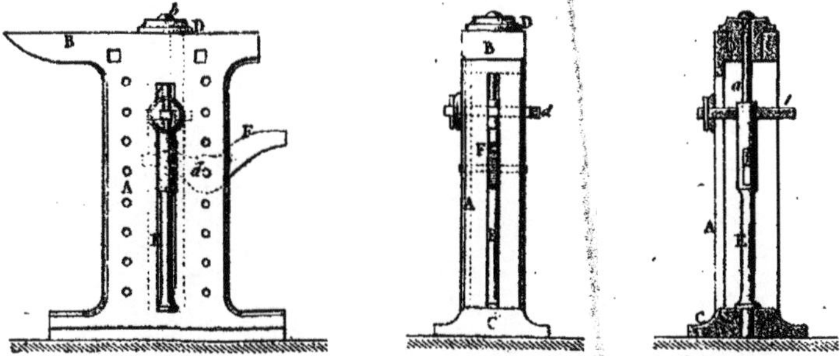

Fig. 1. — Bombarde sur laquelle, autrefois, l'ouvrier forgeait au marteau les têtes des rivets.

sur le socle de la bombarde, réglait convenablement la longueur de la tige du rivet, à l'intérieur de la clouière, et servait aussi à chasser le rivet lorsque la tête était terminée.

Le forgeron frappait rapidement sur la tête du fer chaud qui émergeait de la clouière, refoulait le métal avec son marteau et achevait la forme de la tête avec la *bouterolle*, outil en acier portant en creux l'empreinte de cette tête.

Un habile ouvrier pouvait faire chaque jour, par ce procédé, une centaine de kilogrammes de rivets (1).

Pour économiser le combustible, on plaçait quatre ou cinq ouvriers autour d'un même feu de forge, pour fabriquer des boulons, des rivets, etc.

On voyait encore à Paris, il y a une vingtaine d'années, de ces installations primitives; dans une petite boutique, les ouvriers *piéciers*, placés en rond autour

____

(1) *Bulletin de la Société d'Encouragement*, 1848, p. 150.

d'une forge circulaire, alimentée par une soufflerie mue par un chien marchant dans une roue, forgeaient des petites pièces de ferrures; la concurrence des Ardennes, d'abord, puis l'usage des machines et, enfin, l'emploi de l'acier coulé ont fait disparaître cette petite industrie métallurgique parisienne.

Fig. 2. — Antoine Durenne (1798-1890), le premier fabricant de rivets à la machine.

C'est en 1836 qu'*Antoine Durenne*, chaudronnier alors établi rue de Charenton, à Paris, imagina le premier de fabriquer mécaniquement les rivets nécessaires à sa construction de chaudières à vapeur.

Dans cette fabrication du rivet à la machine, le métal est refoulé sur lui-même, sans choc, par une *pression continue*, à l'aide d'une bouterolle ou étampe d'acier portant en creux l'empreinte de la forme que doit avoir la tête du rivet.

Pour effectuer cette compression, Durenne utilisa une de ses poinçonneuses, à levier et à volant, mue au moteur par courroie; sur cette machine-outil, il remplaça le poinçon par une bouterolle et la matrice par une clouière *ad hoc* (fig. 3).

Une quinzaine d'années plus tard, Louvrier fils, à Paris, fit mécaniquement du rivet, en refoulant la tête sur une petite poinçonneuse, à l'aide d'un énorme levier à bascule mû à bras et appuyant sur la bouterolle.

La première machine construite *spécialement* pour fabriquer mécanique-

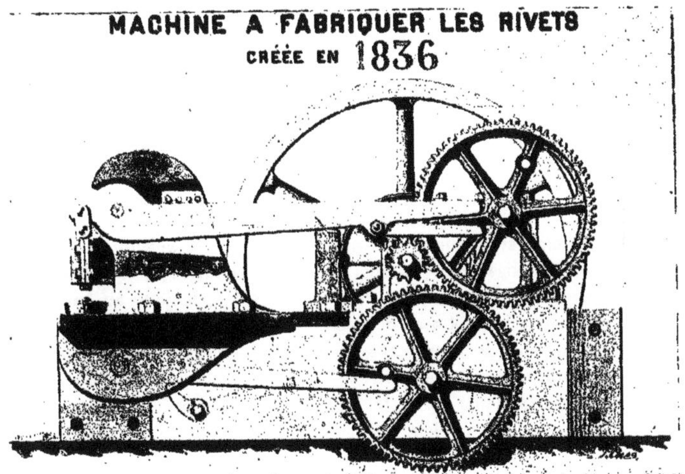

Fig. 3. — Machine à estamper les têtes des rivets, créée par Antoine Durenne en 1836.

ment les rivets, boulons, etc., est d'origine anglaise; elle est due à Haley.

Cette machine importante, installée en 1855 dans les ateliers de Warrall, Elwell et Middleton, avenue Trudaine, à Paris, permettait de faire, par jour, 1 000 kilogrammes de rivets; il suffisait de présenter la barre de métal chauffée à point et la machine coupait, comprimait, etc.

A l'Exposition de Londres, en 1862, MM. de Bergue, de Manchester, avaient présenté une machine destinée à la fabrication intensive des rivets, qui, à la vitesse moyenne, produisait plus de 2000 rivets à l'heure.

Plusieurs systèmes de machines à faire le rivet furent ensuite construites en France, par MM. Collenot, Gouin, Denis Poulot, Sayn, etc.

LA RIVURE

La rivure, c'est la seconde tête du rivet, forgée à chaud, *après* que celui-ci a été introduit dans les trous correspondants, percés à travers les pièces à réunir.

La rivure, comme la tête du rivet, se fait tantôt au marteau, par *chocs successifs*, tantôt par *compression continue*, à l'aide d'une machine-outil spéciale, la riveuse.

Ces deux modes de rivetage, c'est-à-dire d'écrasement de la rivure, étant très différents à tous les points de vue, il y a lieu d'étudier séparément le rivetage au marteau et le rivetage à la machine.

J'ai donné en 1897, sur le rivetage au marteau et à la machine, une note [1], que je crois devoir reproduire en partie, pour l'unité de cette étude et surtout pour redresser quelques erreurs résultant de l'emploi d'un dynamomètre de compression fonctionnant à bras avec une énergie insuffisante.

RIVETAGE AU MARTEAU PAR CHOCS SUCCESSIFS

Le rivetage au marteau est exécuté, dans le cas général, par une équipe d'ouvriers composée, outre le chef ouvrier, le *riveur*, d'un chauffeur de rivets, (généralement un gamin), qui chauffe le rivet et le jette au teneur de tas; celui-ci ramasse le rivet avec des tenailles et l'introduit dans le trou à remplir; un troisième aide, le frappeur, saisit avec des tenailles la pointe du rivet dès qu'elle émerge, pour maintenir le rivet en place pendant que le second ouvrier vient appliquer sur la tête du rivet son tas arc-bouté par un levier du premier genre, afin de faire réaction et *tenir coup* le plus solidement possible.

Le riveur, avec le frappeur désigné et, au besoin, avec un second frappeur, quatrième aide, commence alors le rivetage.

Ils se servent d'abord du petit marteau pesant $1^{kg},5$ à $1^{kg},7$, soit 2 kilogrammes avec le manche.

Le travail d'écrasement terminé, les ouvriers effectuent la seconde partie : le travail du bouterollage; ils se servent du marteau à devant, d'un poids moyen de $4^{kg},5$ à 5 kilogrammes.

Il m'a paru utile d'étudier ce travail au marteau, pour connaître la dépense d'énergie; cette étude comporte deux parties :

1° Le tracé cinématique de la trajectoire du marteau;

2° Le calcul du travail du coup de marteau et du nombre de coups frappés dans un temps donné, pour en déduire le travail produit par seconde.

(1) Mémoires de la Société des Ingénieurs civils de France, novembre 1897.

I. — ÉTUDE GRAPHIQUE DE LA TRAJECTOIRE DU MARTEAU

Pour enregistrer le graphique de la trajectoire décrite par le marteau, il faut avoir recours à la chronophotographie. Le regretté docteur Marey, l'in-

Fig. 4. — Vues successives du frappeur martelant directement a devant.

venteur et le vulgarisateur de cette science, a bien voulu m'accueillir dans son laboratoire de physiologie du Parc-aux-Princes et j'ai pu ainsi, dès 1894, avant que les cinématographes fussent dans le commerce, photographier sur de lon

Fig. 3. — Vues successives du frappeur martelant à la volée.

gues bandes et reproduire à l'impression toutes les poses successives du forgeron et de son frappeur [1].

(1 *Le Monde moderne*, février 1895, p. 192.

Les figures 4 et 5 représentent à titre d'exemple deux de ces cinématographies donnant les vues successives du frappeur martelant directement à devant et du frappeur martelant à la volée.

J'ai ensuite photographié sur une même *plaque fixe*, les poses successives pendant un cycle complet d'un coup de marteau, dans le martelage à la volée (fig. 6) et dans le martelage à devant (fig. 8).

Les espaces de temps qui séparent les différentes positions du marteau sont

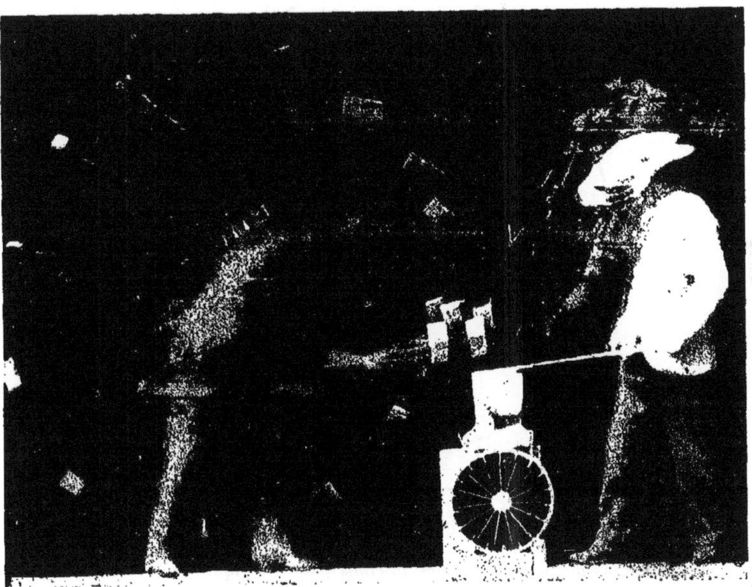

Fig. 6. — Frappeur martelant à la volée.

égaux et exactement enregistrés par le chronographe placé devant le billot de l'enclume.

L'aiguille de ce chronographe fait le tour du cadran en une seconde et demie.

Ces images permettent de relever rigoureusement les trajectoires (fig. 7 et 9) : TM est la trajectoire du centre de gravité du marteau; TD est la trajectoire de la main droite et TG celle de la main gauche.

Les traits pointillés marquent les positions successives du marteau à des intervalles de temps égaux.

On remarque de prime abord que, lorsque le marteau est en l'air, sa vitesse est moindre et qu'elle croît très rapidement à la descente pour être maximum à la fin de la chute, quand le marteau atteint l'enclume E; c'est cette vitesse au moment du choc qu'on appelle la *vitesse d'impact*.

Une étude approfondie de ces diagrammes montre que les trajectoires décrites, que les positions relatives du marteau et de son manche sont, eu égard

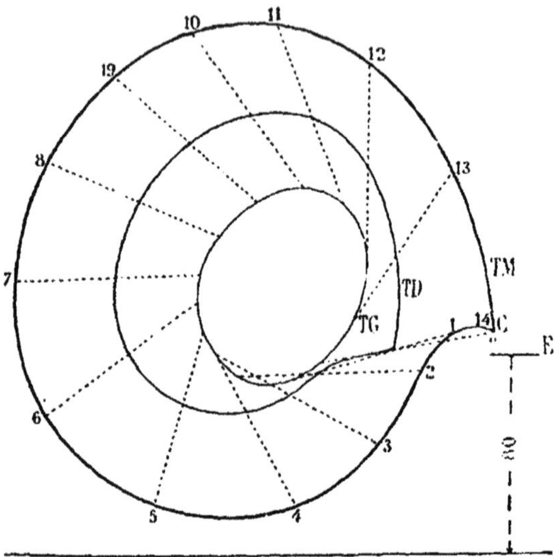

Fig. 7. — Trajectoires décrites par le marteau et les mains du frappeur (martelage à la volée).

aux relations des bras de leviers, la conséquence logique de la recherche instinctive, par l'ouvrier, du minimum d'efforts à produire.

2° CALCUL DU TRAVAIL D'UN COUP DE MARTEAU

Le frappeur donne douze coups de marteau à devant en quinze secondes, et produit ainsi un travail moyen de 330 kilogrammètres. Cela fait environ 28 kilogrammètres par coup de marteau et 22 kilogrammètres par seconde. Ceci est pour le travail normal du frappeur étirant, par exemple, un morceau de fer chauffé à blanc.

Quand le frappeur est très habile et très fort et que le travail l'exige, il peut produire jusqu'à 28 kilogrammètres par seconde, mais cela pendant quelques instants seulement et à la condition d'intercaler une période de repos entre les chaudes. Quand, au contraire, le travail est de longue durée et qu'il y a peu de repos entre deux chaudes consecutives, le travail produit descend à 15 ou 16 kilogrammètres par seconde.

C'est le cas du travail dans la maréchalerie : le frappeur frappe plus long-temps et plus souvent que dans la forge ordinaire et, dans les intervalles, tire

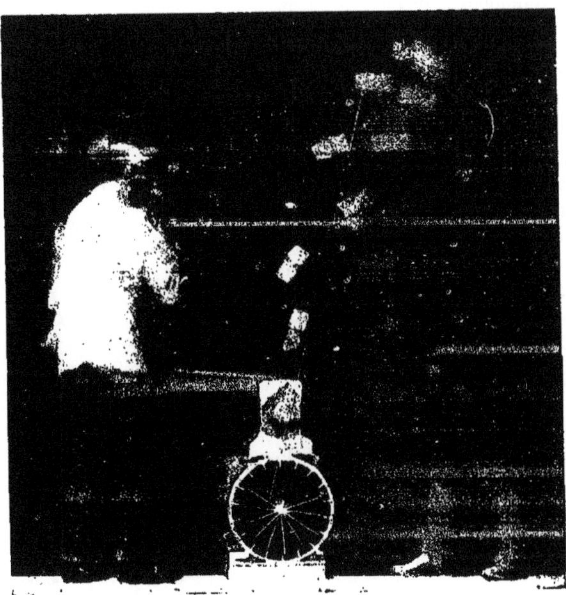

Fig. 8. — Frappeur martelant directement.

le soufflet et chauffe un nouveau lopin pendant que le compagnon perce et termine le fer à cheval.

Dans ce cas, le frappeur se sert d'un marteau à devant à manche court, du poids de 6 kilogrammes, frappe 15 coups en quinze secondes et produit ainsi un travail de 15 kilogrammètres par seconde.

En résumé, le travail par seconde produit par un frappeur à devant frappant directement sur du fer chaud, varie de 15 à 28 kilogrammètres et atteint presque toujours 22 à 23 kilogrammètres.

J'ai effectué, en 1890, une série de 68 essais ; cinq frappeurs seulement ont

produit soit un peu plus, soit un peu moins que ces chiffres moyens [1].
Quand, au lieu de faire décrire un quart de cercle à son marteau de 7 kilogrammes, le frappeur lui fait décrire un cercle entier, c'est-à-dire quand il frappe en tournant *à la volée*, il donne seulement neuf coups au lieu de douze, dans une période de quinze secondes.

Mais, alors, chaque coup de marteau vaut 32 kilogrammètres, c'est-à-dire 4 kilogrammètres de plus que dans le cas précédent et le travail produit par seconde est de 19 kilogrammètres au lieu de 22 à 23 kilogrammètres.

Le frappeur à la volée donne donc, dans un temps déterminé, moins de coups de marteau qu'en frappant à devant, mais les coups sont plus forts et le travail total produit est moindre; la fatigue aussi par conséquent.

Ces chiffres expliquent très bien ce fait, qu'un frappeur qui doit travailler longtemps sans arrêt, frappe instinctivement à la volée. Le même procédé est employé aussi quand le nombre de frappeurs travaillant sur une même pièce est supérieur à deux. Si en effet ces ouvriers frappaient à devant en conservant le nombre normal de coups de marteau, leurs marteaux se heurteraient en arrivant sur la pièce forgée; et, s'ils ralentissaient l'allure pour éviter ces heurts, ils seraient obligés d'attendre, le marteau en l'air, le moment propice pour frapper: d'où un surcroît de fatigue.

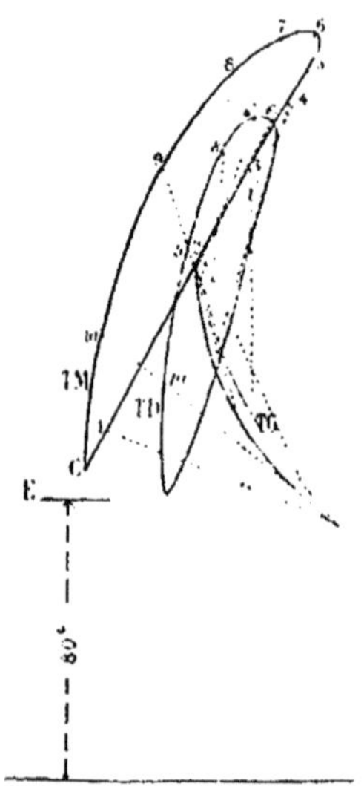

Fig. 9. — Trajectoires décrites par le marteau et les mains du frappeur (martelage direct).

Ce procédé doit aussi être préféré quand il faut produire d'un seul coup de marteau le maximum d'effort possible, pour matricer par exemple.

Quand le frappeur doit travailler de côté, c'est-à-dire quand il doit frapper sur un plan vertical, pour écraser un rivet dont l'axe est placé horizontalement, par exemple, il donne encore douze coups en quinze secondes, mais il ne produit que 260 kilogrammètres, ce qui fait environ 20 à 22 kilogrammètres par coup de marteau et seulement 17 kilogrammètres par seconde.

Ces chiffres sont le résultat d'essais effectués avec des frappeurs de forge

(1) *L'Enclume*, 28 avril 1891.

ordinaires; mais avec des ouvriers habitués à travailler souvent de cette dernière façon, comme des riveurs de profession, le rendement est augmenté de 10 p. 100 environ; le coup de marteau est de 24 kilogrammètres et le travail par seconde de 19 kilogrammètres.

En pratique courante, le marteau à devant du riveur est du poids moyen de 4ᵏˢ,5. Le travail produit avec ce marteau est d'environ 16 à 18 kilogrammètres par coup de marteau frappé à devant et le nombre de coups treize à quatorze en quinze secondes, ce qui produit un travail de 15 kilogrammètres par seconde.

En frappant à la volée, le travail du coup de marteau est de 22 à 23 kilogrammètres, mais le nombre de coups frappés est de dix en quinze secondes, ce qui correspond à un travail moyen de 15 kilogrammètres par seconde.

Lorsque le frappeur doit agir sur un outil interposé, comme une bouterolle, une étampe, une chasse à parer, une tranche, etc., le rendement est diminué d'environ 20 p. 100. Cette diminution est due à plusieurs causes :

1° A une plus grande difficulté dans le travail : l'interposition de l'outil oblige à frapper plus haut;

2° Le marteau a une chute diminuée d'autant;

3° Il faut frapper plus adroitement;

4° Une partie du choc est absorbée par les vibrations de l'outil;

5° Une partie du travail est absorbée par l'écrasement local de la tête de l'outil, etc.

Quand l'ouvrier frappe sur une pièce élastique, pour le rivetage d'une chaudière, d'une poutre, d'un pont, etc., un aide *tient coup* derrière la pièce avec une masse, un tas, un turc, dont l'inertie limite la déformation élastique de la pièce à river; mais la masse n'est jamais assez grande et son point d'appui n'est jamais assez résistant; aussi, malgré tout, cette déformation élastique absorbe une partie de la force vive : c'est du travail dépensé sans résultat utile. La perte de ce fait dépend du genre de travail; dans une série d'essais, elle a varié de 9 à 32 p. 100.

Il est à remarquer que, parfois, une première perte de force vive existe du fait de l'ébranlement du sol et que la perte de force vive due à l'élasticité de la pièce rivée s'ajoute à la précédente.

Tous ces essais se rapportent à l'usage du marteau à devant; pour le marteau à main, j'ai obtenu les résultats suivants :

Dans le rivetage, le marteau à main pèse 1ᵏˢ,8 à 2 kilogrammes; le travail produit par chaque coup de marteau est d'environ 8 à 9 kilogrammètres; l'ouvrier donne quatre coups en cinq secondes; le travail moyen est d'environ 7 kilogrammètres par seconde.

Dans la forge ordinaire, le forgeron se sert d'un marteau à main du poids de

$2^{k},5$ environ, donne 15 coups en quinze secondes et produit un travail de 10 kilogrammètres par coup et par seconde.

Dans la maréchalerie, avec le *ferretier* du poids de 2 kilogrammes à $2^{k},5$, le forgeron donne environ vingt coups en quinze secondes et produit un travail de 9 à 10 kilogrammètres par coup de marteau, soit de 12 kilogrammètres par seconde.

Dans ces nombreux essais, on constate qu'un marteau de poids P permet de produire, par coup de marteau, un travail égal à celui que produirait le même poids, tombant de 4 mètres de hauteur, c'est-à-dire que $T = P \times 4$.

Cette loi empirique est vraie pour les marteaux qu'on emploie dans la pratique industrielle et dont le poids varie de 1 à 7 kilogrammes.

TRAVAIL DÉPENSÉ DANS LE RIVETAGE AU MARTEAU

De nombreux essais effectués dans des ateliers et des chantiers différents m'ont donné les *moyennes* suivantes, pour le travail dépensé par le rivetage au marteau des rivets en fer posés à chaud :

Dimensions du rivet.		Travail dépensé.				
Diamètre du rivet en millimètres.	Surface de la section en mm. carrés.	Écrasement de la rivure en kgm.	Bouterollage de la rivure en kgm.	Total en kgm.	Par mm² de la section en kgm.	Temps en secondes.
12	113	20	86	106	1 »	12
14	154	35	145	180	1,2	15
16	201	55	220	275	1,4	18
18	254	80	320	400	1,6	20
20	314	115	453	568	1,8	25
22	380	150	600	750	2 »	30
25	491	220	880	1 100	2,2	40

L'écrasement du rivet, se faisant par chocs successifs, exige un espace de temps très sensible, variable avec la section du rivet, la dureté du métal et la température que celui-ci possède pendant l'écrasement.

Il existe d'autres facteurs qui influent sur la durée de l'écrasement d'un rivet. Ce sont : la plus ou moins grande élasticité de la pièce à river, l'inertie du tas ou de l'enclume qui maintient la tête du rivet, le nombre des frappeurs, la force des coups portés, etc.

Or, plus cette durée d'écrasement est courte pour un rivet donné, moins il faut dépenser de travail pour obtenir le même résultat, parce que le rivet, au contact des pièces à river, du tas, de la bouterolle, perd de sa chaleur par rayonnement et surtout par conductibilité et, par suite, se refroidit rapidement.

Il y a donc économie à river vite, puisque, toutes choses égales, on dépense moins d'énergie. Il y a aussi avantage pour la qualité du rivetage, car le rivet frappé assez chaud se refoule mieux et, à la fin de l'opération, le métal est encore à une température suffisante pour qu'il n'y ait pas fragilité par suite d'écrouissage exagéré ou de déformation *au bleu*.

Pour éviter le refroidissement du rivet par rayonnement, il faut s'organiser pour le faire pénétrer le 'plus rapidement possible dans le trou qu'il doit remplir.

Pour atténuer l'effet nuisible du refroidissement du rivet par conductibilité, il faut frapper vite et fort, d'où il suit qu'il y a souvent économie à mettre un frappeur de plus pour les gros rivets, et à placer les ouvriers à leur aise sur un échafaudage solide et commode.

Dans la construction des chaudières, le rivetage au marteau nécessite une plus grande dépense de travail que le rivetage dans la charpente; car, outre le travail du rivetage proprement dit, commun aux deux spécialités et qui consiste à écraser le rivet en le matant d'abord au marteau, puis en le bouterollant ensuite, il y a dans la construction des chaudières un travail supplémentaire destiné à assurer l'étanchéité en serrant les *pinces* au marteau et en rebouterollant pour mettre la rivure en contact avec la tôle.

Ce travail supplémentaire est très variable; néanmoins on peut l'estimer, pour les plus gros rivets, à 1 kilogrammètre par millimètre carré de la section du rivet.

Ces nombres sont des moyennes prises à la suite de nombreuses observations; toutefois, ils peuvent augmenter quand l'exécution du rivetage laisse à désirer: par exemple quand le chauffage du rivet est insuffisant, quand le laps de temps entre la sortie du rivet du foyer et le rivetage est plus considérable, quand les ouvriers sont moins habiles, moins nombreux ou frappent moins fort, quand la pièce à river est plus élastique, etc.

Ils peuvent au contraire diminuer légèrement quand le rivetage est exécuté dans des conditions très avantageuses.

RIVETAGE A LA MACHINE PAR PRESSION CONTINUE

Évolution des riveuses.

Comme nous l'avons vu, Durenne avait appliqué la pression continue d'une poinçonneuse pour estamper la tête du rivet; sir William Fairbairn, constructeur de chaudières à Manchester, adopta le même procédé mécanique pour effectuer la rivure.

L'utilisation de la poinçonneuse pour refouler la tête et la rivure des rivets était d'ailleurs assez indiquée; en effet, dans le rivetage comme dans le poinçonnage, l'effort maximum à produire sur l'outil et la course de ce dernier sont assez analogues.

Il est vrai que la distribution du travail n'est pas la même dans les deux opérations ; dans le poinçonnage, l'effort maximum vient au commencement et dans le rivetage à la fin ; mais cette différence de distribution du travail importe peu quand l'énergie est fournie par un réservoir de force vive tel que le volant.

La riveuse de Fairbairn, brevetée en 1838, fut introduite en France

Fig. 10. — Sir William Fairbairn.

par Hallette d'Arras, et acquise par MM. J.-J. Mayer et Cⁱᵉ à Mulhouse.

La figure 11 représente cette riveuse de Fairbairn (1) dont le principe est inspiré directement des poinçonneuses à levier et à volant en usage courant à cette époque. La seule modification apportée fut l'application d'un coin à la partie du levier en connexion avec le porte-bouterolle pour permettre de régler,

(1) Robertson Buchanan, *Practical essays on mill work and other machinery*, 1841, Londres.

entre les deux bouterolles, l'écartement initial, proportionnellement à l'épaisseur des tôles à river ; la course du porte-bouterolle mobile étant invariable, il était indispensable d'effectuer ce réglage préalable, sous peine de river insuffisamment ou de briser le bâti de la machine. Ce coin mobile était mû par une vis manœuvrée à l'aide d'une petite manivelle.

Fairbairn fut conduit à créer cette riveuse dans le but d'économiser sur le

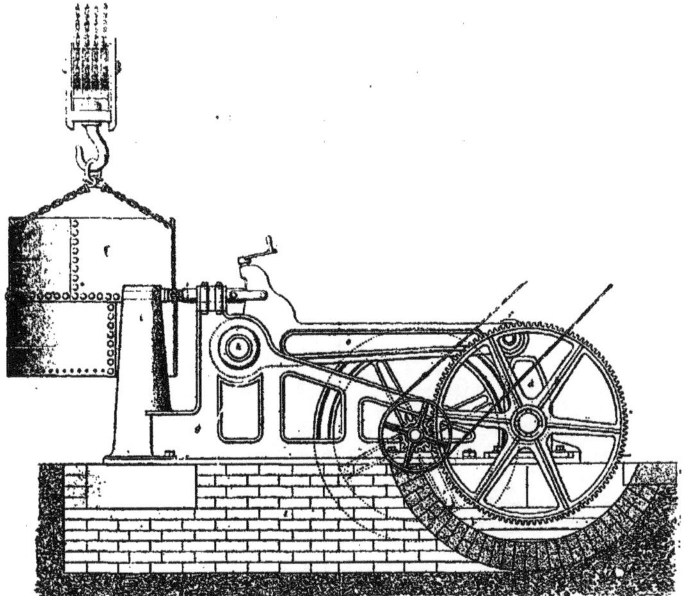

Fig. 11. — Première machine à river, créée par W. Fairbairn, à Manchester, en 1838.

coût de la main-d'œuvre pour le rivetage des chaudières qu'il construisait ; aussi lui donna-t-il la plus grande vitesse de production qu'il fut possible : un coup toutes les huit secondes environ ; et comme la came actionnant le levier avait une forme symétrique, il fallait entrer le rivet dans les tôles et le placer exactement entre les bouterolles en moins de quatre secondes.

Fairbairn avait ainsi atteint son but unique, l'économie, puisque sa machine permettait de poser dix à douze fois plus de rivets qu'à la main.

A l'usage seulement il remarqua que le rivetage mécanique était généralement mieux effectué et que les chaudières ainsi rivées étaient plus étanches que celles qui étaient rivées à la main.

Cette première riveuse avait un gros défaut : son action était continue ; toutes les huit secondes, la machine effectuait sa course et il fallait placer le rivet en moins de quatre secondes ; il était impossible de diminuer la vitesse de la machine, parce que le volant n'aurait plus emmagasiné une quantité suffisante de force vive, et il était impossible d'arrêter le mouvement de la bouterolle, par

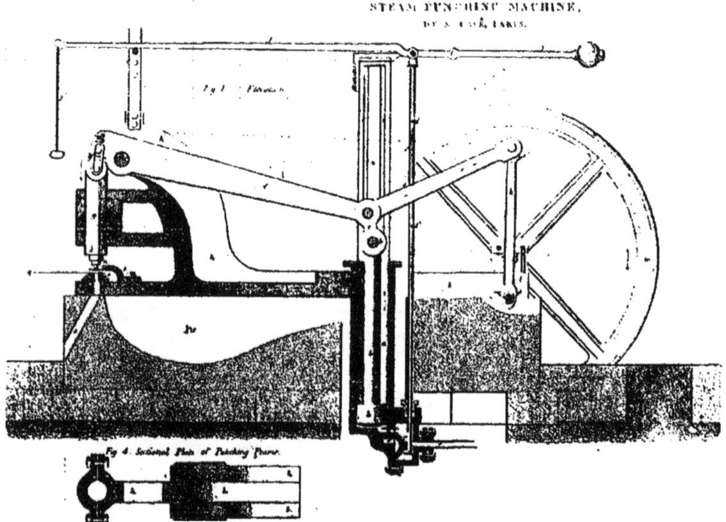

Fig. 12. — Poinçonneuse à vapeur créée par Cavé en 1836.

exemple, si le rivet était mal placé, autrement qu'en débrayant la courroie et en arrêtant complètement la machine à l'aide d'un frein agissant sur le volant.

MM. Mayer établirent d'abord un système de débrayage qui, en rendant le pignon fou sur son axe, permettait d'arrêter plus rapidement quand il était nécessaire. Ils se proposèrent aussi de river avec des broches de fer, c'est-à-dire avec des tiges cylindriques sans tête (1). Mais il est probable qu'ils ne purent, malgré tous leurs efforts, rendre pratique cette première riveuse, car elle n'eut pas de succès.

(1) Armengaud aîné, *Publication industrielle des machines-outils et appareils,* 4e édition, 1857, t. I, p. 348.

Son prix était d'ailleurs très élevé, 11 000 francs environ ; la manœuvre était

Fig. 13. — François Cavé 1791-1875.

difficile et son application très restreinte, car beaucoup de rivets ne pouvaient être mis par son aide et, de ceux qu'elle rivait, beaucoup étaient plus ou moins bien posés.

Mais cette première tentative de rivetage mécanique appela l'attention des constructeurs et, quelques années plus tard, en 1844, à l'occasion de l'exposition des produits de l'industrie française, deux nouveaux systèmes de riveuses furent créés par les chaudronniers : Lemaître, à La Chapelle-Saint-Denis près Paris et les frères Schneider, propriétaires des forges et fonderies du Creusot.

Lemaître, habile praticien, connaissait bien les conditions à remplir pour effectuer un bon rivetage ; il sut donc bien poser le problème et le résoudre mécaniquement avec la collaboration de son beau-frère Cavé, l'ingénieux mécanicien qui, le premier, avait appliqué quelques années auparavant, en 1836, l'action directe de la vapeur sur la machine-outil, en créant sa poinçonneuse à vapeur, à levier et à volant (fig. 12).

Cavé, ayant obtenu de bons résultats pratiques avec cette poinçonneuse à vapeur, ne pouvait manquer d'appliquer à la riveuse de son beau-frère Lemaître le même principe d'action, qui procurait l'avantage de faire la compression de la rivure rapidement, au moment voulu après que l'ouvrier avait pu mettre le rivet à sa place, sans précipitation par crainte de manquer le coup, comme il arrivait avec la riveuse de Fairbairn.

Il pouvait advenir, à l'occasion de poinçonnages de grosses tôles, que la force vive accumulée dans le volant fût insuffisante. Cavé avait remarqué qu'il suffisait, dans ce cas, d'effectuer brusquement l'admission de la vapeur dans le cylindre, pour donner une plus grande vitesse aux divers organes mobiles, piston, bielle, levier, etc., et augmenter ainsi sensiblement la force vive disponible ; il en conclut qu'il pouvait, dans la riveuse, supprimer l'emploi du volant, et cependant, à la fin de la course de la bouterolle, au moment où, dans la distribution du travail, il faut produire le plus grand effort, disposer d'une quantité suffisante de force vive accumulée dans les pièces mobiles en mouvement.

Cette suppression du volant permit un fonctionnement non plus périodique isochrone, mais commandé au moment voulu et choisi par l'ouvrier, c'est-à-dire aussitôt après la mise en place du rivet dans le trou et exactement entre les bouterolles. L'ouvrier n'était plus obligé d'effectuer cette préparation dans un temps souvent trop court. Lemaître fit en outre appliquer à sa riveuse (fig. 14) un second piston à vapeur actionnant un accosteur ou presseur de tôles, pour rapprocher celles-ci aussi complètement que possible et maintenir le bon contact jusqu'après le refroidissement du rivet. Il obtenait ainsi un double avantage : d'abord, il empêchait le métal du rivet de former un bourrelet (fig. 15) dans l'entre-bâillement des tôles insuffisamment serrées ; ensuite les tôles ne pouvaient s'écarter au moment où le rivet, encore assez chaud pour céder sous leur effort élastique, se trouvait libéré de la pression de la bouterolle.

L'autre modèle de riveuse, présenté à l'Exposition de 1844, par MM. Schneider frères, était aussi actionnée par la vapeur (fig. 16).

Le Blanc en donne la description suivante (1):

« Dans son ensemble, cette machine comprend son appareil moteur : c'est un cylindre en fonte dans lequel un piston agit dans un sens seulement, celui de bas en haut, par la pression de la vapeur; il communique, en faisant ce mouvement, toute sa force d'action au repoussoir-riveur. Le poids du piston, joint

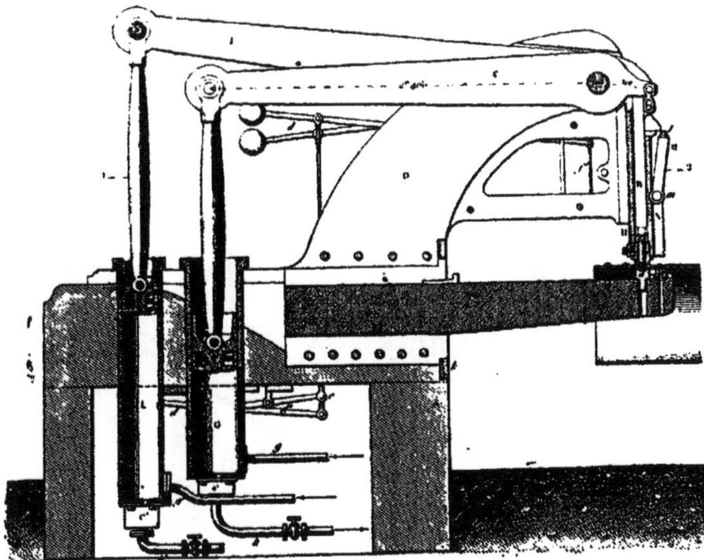

Fig. 14. — Riveuse à vapeur avec presseur des tôles créée par Lemaître en 1844.

à celui des pièces avec lesquelles il est assemblé, suffit pour le faire descendre, en même temps écarter le repoussoir-riveur de son enclume et permettre au rivet de passer entre eux, dans sa plus grande longueur, c'est-à-dire avant d'avoir commencé à subir l'opération du rivetage.

« L'ouvrier de service met cet appareil en mouvement, en soulevant un levier pivotant autour d'un point fixe, pris sur le cylindre; l'une des extrémités de ce levier est adaptée à une tringle ajustée à un tiroir de mise en train, qui,

____

(1) Le Blanc, *Recueil des machines, instruments et appareils*, etc., 1839-1850, t. IV, pl. 13.

dans la position la plus basse, fait communiquer le dessous du piston avec le
générateur à vapeur. Un arc-boutant brisé au milieu et ajusté par une charnière

Fig. 15. — Fûts de rivets ayant été posés sur des tôles insuffisamment rapprochées.

à l'assemblage de la tringle du piston, a une de ses extrémités fixée à un bâti

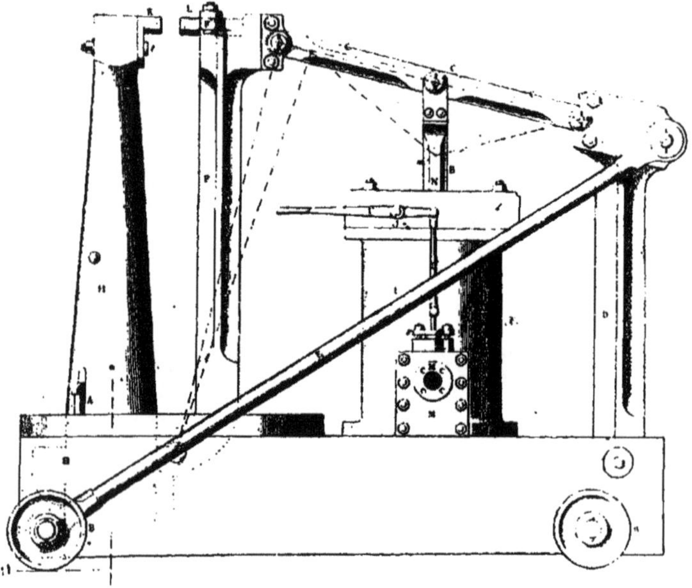

Fig. 16. — Riveuse mobile à vapeur, créée par MM. Schneider frères, au Creusot, en 1844.

immobile, tandis que l'autre est ajustée à un levier mobile après lequel est
attaché le repoussoir.

« Cet arc-boutant étant plié lorsque le piston est au bas de sa course, il se redresse dès que celui-ci commence à monter, et comme il a une de ses extrémités pivotant autour d'un point fixe, l'autre extrémité se trouve poussée avec d'autant plus de force que, par la composition géométrique des mouvements, le côté assemblé au repoussoir mobile fait une certaine fraction de course, pendant que le piston à vapeur en fait quatre ou cinq fois plus. »

Cette riveuse était montée sur quatre galets pour être transportée à pied d'œuvre. La chaudière à vapeur étant indépendante de la machine-outil, on était obligé d'avoir un système de tuyauterie qui pût permettre ces déplacements, et qui les limitait toujours.

On voit que cette riveuse n'était pas une adaptation d'une autre machine-outil ; elle avait bien été étudiée en vue du travail spécial du rivetage. Le mouvement de genouillère, multipliant la pression de la vapeur au cylindre, permettait d'obtenir à la fin de l'opération un effort très supérieur à celui dont on disposait au début de la course de la bouterolle, quoique le cylindre fût d'un diamètre restreint, la vapeur étant ainsi plus économisée qu'elle ne l'aurait été dans une action directe. En outre, la pression sur le rivet pouvait être maintenue aussi longtemps qu'il était jugé nécessaire ; enfin l'ouvrier avait le temps de déplacer la pièce à river, d'introduire un nouveau rivet et de placer celui-ci entre les bouterolles pour faire la rivure.

Cette liberté de mise en action au moment précis, lorsque le rivet est bien à sa place, et seulement quand l'ouvrier juge qu'il en est ainsi, fut une grande amélioration apportée par la riveuse de Lemaître et celle des frères Schneider sur la riveuse de Fairbairn.

Or, il n'est pas douteux que cette solution par l'action directe de la vapeur n'ait été inspirée à Lemaître par la poinçonneuse à vapeur de Cavé et à MM. Schneider par l'invention du marteau-pilon datant de quelques années avant ; car c'est en 1841 que Bourdon, l'éminent directeur du Creusot, avait eu, après Cavé, l'idée d'appliquer l'action directe de la vapeur au marteau-pilon, ce qui donnait à l'ouvrier la liberté de frapper au moment précis et avec l'intensité voulue, avantages marqués sur l'emploi du marteau frontal à fonctionnement périodique.

Ces deux riveuses à vapeur furent créées pour le rivetage des chaudières ; mais cette heureuse application fut bientôt étendue à la construction des ponts.

En 1847, à l'occasion de la construction du pont de Conway, MM. Garforth de Dukinfield créèrent une riveuse à action directe de la vapeur (fig. 17).

Cette riveuse avait un cylindre à vapeur de 1^m,22 de diamètre ; la course du piston était de 0^m,23 et la pression de la vapeur, de 2,8 kg., ce qui donne, par le calcul, une pression totale de 32 700 kg., sur la bouterolle.

Les rivets devaient avoir 22 à 30 millimètres de diamètre. Cette riveuse de

MM. Garforth avait été inspirée par la construction du marteau-pilon de Nas-
myth, car elle en était la copie presque servile, sans aucune modification autre
que celle de la course du piston et le fonctionnement horizontal; il en eût été
autrement si ces constructeurs anglais avaient connu les dispositions ingénieuses
des riveuses Lemaître et Schneider.

Dix ans plus tard, vers 1857, MM. Gouin, à Paris, construisirent, pour river
les ponts métalliques, une riveuse à vapeur avec presseur des tôles ; mais, au

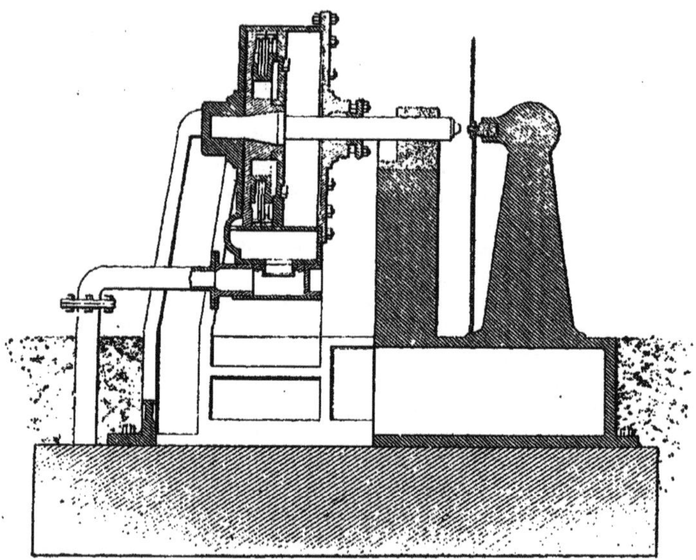

Fig. 17. — Riveuse à vapeur de MM. Garforth, de Dukinfield (Angleterre), employée en 1847,
à la construction du pont de Conway.

lieu de placer les deux cylindres à vapeur du presseur et de la bouterolle l'un à
côté de l'autre comme dans la riveuse de Lemaître, ils les mirent en prolongement sur le même axe.

La figure 18, extraite du Traité de la construction des ponts métalliques de
Molinos et Pronnier, montre cette riveuse à vapeur.

Le diamètre du cylindre était de 95 centimètres: la pression de la vapeur
étant de 3 kilogrammes, la pression totale sur le piston devait être, d'après le
calcul, de 21 000 kilogrammes.

Le presseur comprimait préalablement les tôles sous une pression de
7 000 kilogrammes environ.

A l'Exposition de Londres en 1862, MM. Cook et C⁰, constructeurs à Man-

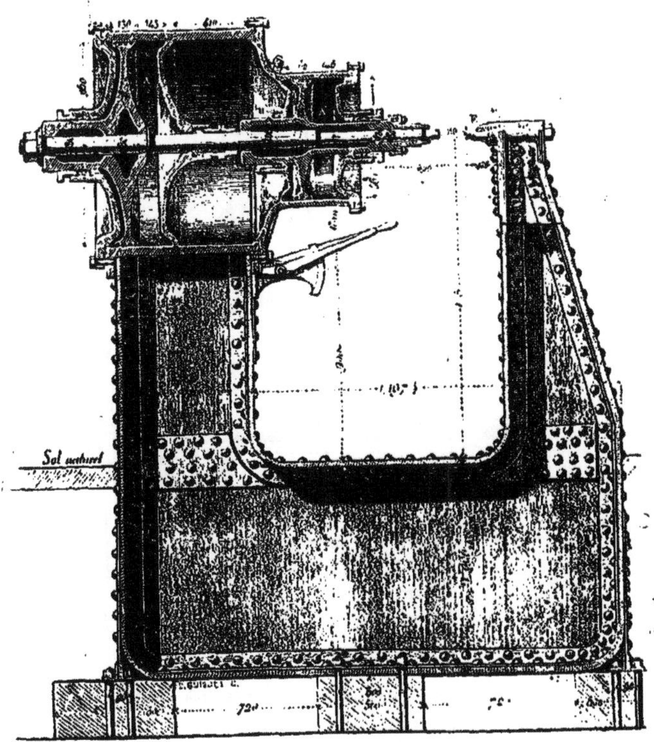

Fig. 18. — Riveuse à vapeur avec presseur des tôles, créée par MM. Gouin, à Paris, vers 1857.

chester, présentèrent une machine-outil multiple, poinçonneuse et cisaille aux
extrémités de la machine et riveuse au milieu.

Cette machine (fig. 19) était mue aussi par l'action directe de la vapeur.

La figure 19 extraite du *Portefeuille des machines* d'Oppermann représente
la riveuse de MM. Cook et C⁰.

Le piston à vapeur était à fourreau, recevant la vapeur en dessous pour pousser la bouterolle et en dessus, sur une surface moindre, pour la ramener.

Au fond du fourreau était attaché une bielle qui actionnait la bouterolle par l'intermédiaire d'un excentrique.

L'emploi d'un organe multiplicateur de l'effort du piston, excentrique ou mouvement de genouillère, procure un double avantage : économie de vapeur et moindre encombrement de la machine ; mais par contre il exige le *réglage exact*

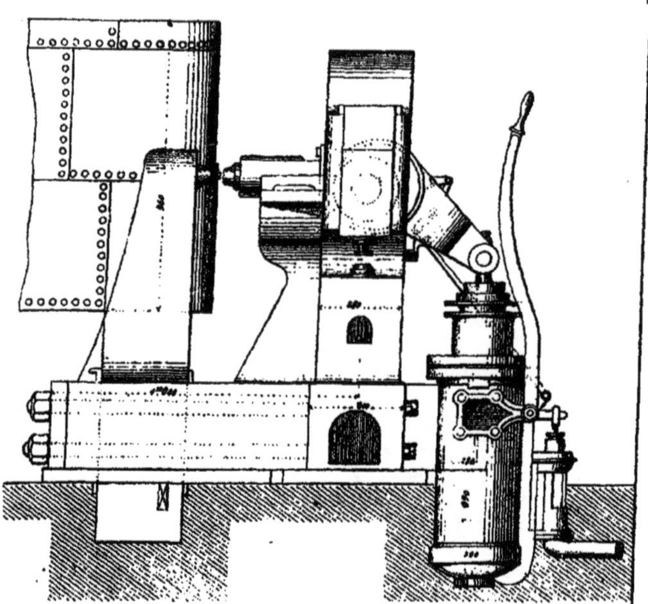

Fig 19. — Riveuse à vapeur à réglage exact préalable de Cook, à Manchester, en 1862.

et préalable de l'écartement minimum des deux bouterolles, pour que, à fin de course de la bouterolle mobile, le rivet soit complètement écrasé sous l'effort maximum.

Or, si, dans le réglage, la bouterolle mobile est trop avancée ou ne l'est pas assez, le rivet, dans les deux cas, n'est pas suffisamment écrasé. En effet si la bouterolle a été trop avancée, elle n'atteint pas la pression maximum nécessaire à l'écrasement complet, et la rivure est inachevée ; si, au contraire, la bouterolle n'a pas été assez avancée, elle atteint son maximum de pression avant la fin de l'écrasement, et sa course n'est pas suffisante pour achever la rivure.

Il est d'ailleurs difficile d'apprécier exactement cet écartement minimum nécessaire entre les deux bouterolles; il ne suffit pas de l'évaluer d'après l'épaisseur seule des pièces à river : il faut encore tenir compte du serrage possible des tôles sous la pression, de l'épaisseur de la bavure (épaisseur variant avec la longueur de la tige cylindrique à écraser), du remplissage plus ou moins complet des vides dans le trou; il y a aussi l'affaissement de cette

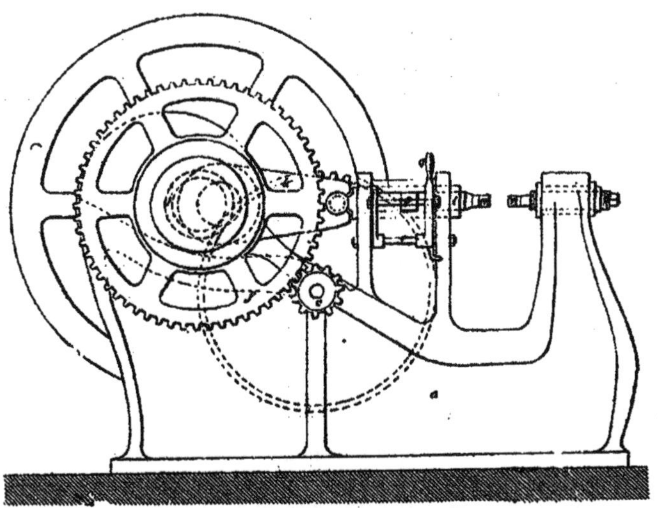

Fig. 20. — Riveuse à réglage exact préalable et à pression sans durée, créée par de Bergue en 1862.

bavure sous la pression maintenue un certain temps, puis le jeu dans les articulations, l'écartement élastique du bâti, etc.

En pratique, l'évaluation de toutes ces variables doit se faire à chaque changement d'épaisseur des pièces à river, c'est-à-dire continuellement et elle est forcément laissée aux soins de l'ouvrier; c'est dire qu'elle est effectuée avec plus ou moins de soin et de précision. Aussi, ces machines ne conviennent-elles pas pour l'exécution de travaux tels que ceux de chaudières ou de pièces importantes de ponts; tout au plus peut-on les tolérer pour les travaux de construction très ordinaires.

La riveuse de MM. de Bergue et Cⁱᵉ (fig. 20), exposée aussi en 1862, est une riveuse ayant les avantages et les défauts des précédentes. Construite sur le principe des poinçonneuses à excentrique et à volant, elle aurait pu l'être sur le principe des poinçonneuses à levier et à volant, comme la première riveuse, celle de Fairbairn (fig. 11); mais MM. de Bergue avaient apporté une importante modification, en rendant discontinu le mouvement de la bouterolle mobile, alors que le mouvement de l'excentrique restait continu; ce qui permettait, sans arrêter la machine, de placer le rivet sans précipitation et de n'effectuer la compression de la rivure qu'au moment voulu, en introduisant la cale de connexion entre l'extrémité de l'excentrique à mouvement continu et le porte-bouterolle, pour actionner ce dernier.

Cette riveuse, très économique au point de vue de la dépense d'énergie qui est minimum et de la rapidité du rivetage, a par contre plusieurs inconvénients graves :

1° Elle exige un réglage exact et préalable de l'écartement minimum des deux bouterolles ; si ce réglage n'est pas exactement effectué, il y a, suivant le cas, deux accidents différents à craindre : ou bien la bouterolle mobile n'a pas été assez avancée, l'écartement est trop grand et la rivure est incomplète ; ou bien la bouterolle a été trop avancée et cette fois la rivure est complète, grâce à la puissance vive accumulée dans le volant ; mais alors la bouterolle mobile continue à avancer et, comme la pièce rivée résiste, c'est un organe de la machine qui se brise. Pour éviter que la machine puisse être ainsi détériorée, on intercale ordinairement entre la bouterolle et l'excentrique, ou sous la contre-bouterolle, un grain en métal, qui, tel qu'un crusher, s'écrase sous une pression supérieure à celle qui est nécessaire pour effectuer le rivetage, mais encore sensiblement inférieure à la pression qui ferait casser la machine.

En pratique, pour éviter d'être réprimandé par suite de l'écrasement de ce grain, ce qui témoigne tout de suite du manque de soin de l'ouvrier, celui-ci préfère régler sa bouterolle en laissant un espace plutôt trop grand que trop petit et, la plupart du temps, la rivure est alors insuffisante.

2° Avec cette machine, la pression produite par le mouvement de l'excentrique conduisant la bouterolle mobile ne subsiste qu'un temps extrêmement réduit; la bouterolle a à peine effectué la rivure qu'elle est ramenée immédiatement en arrière; le rivet est libéré de toute pression alors qu'il est encore tout rouge ; aussi, sous l'effort produit par l'écartement élastique des tôles, momentanément rapprochées pendant le rivetage, le fût du rivet s'allonge, les tôles ne sont plus serrées et, une fois en service, les rivets se disloquent par les chocs ou, s'il s'agit d'une chaudière, il survient des fuites.

J'ai eu l'occasion de constater, en suivant un rivetage effectué avec une riveuse de ce système, que jusqu'à douze rivets consécutifs étaient ensemble encore rouges, à des températures différentes évidemment, mais suffisantes pour permettre au métal de céder sous l'effort produit par l'élasticité des tôles.

Pour éviter la sujétion du réglage exact et préalable, M. Lebrun fit une riveuse où le mouvement d'avancement de la bouterolle était produit à l'aide d'une vis mue par le balancier à friction de Chéret (fig. 21), principe déjà appliqué à la fabrication industrielle des têtes de rivets; mais, par ce procédé, le choc produit sur la rivure est instantané, ce qui était sans inconvénient pour

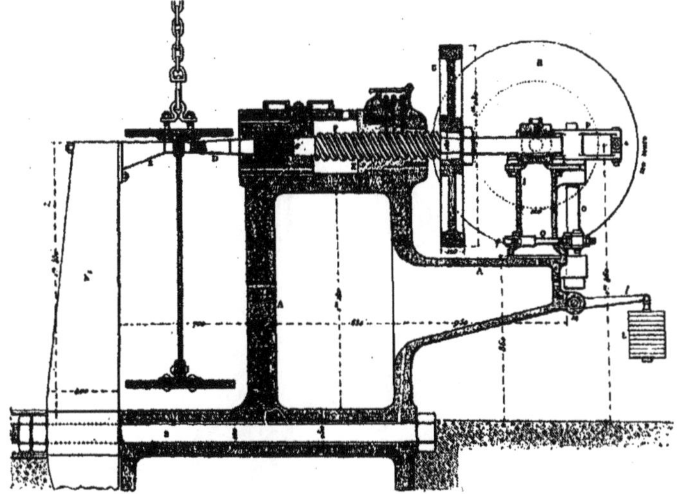

Fig. 21. — Riveuse à pression maximum sans durée, créée par Lebrun.

la fabrication des têtes, mais devient défectueux pour la rivure, ainsi que nous venons de le voir.

L'emploi de l'air comprimé dans les fondations de ponts a donné à M. Allen l'idée de l'appliquer au rivetage.

La pression de 4 à 5 kilogrammes de l'air comprimé exigeant une grande section de cylindre si le piston actionne directement la bouterolle, M. Allen a, comme MM. Schneider, introduit entre le piston et le porte-bouterolle un organe multiplicateur analogue au mouvement de genouillère (fig. 22).

La figure 23 est un diagramme qui donne la course de la bouterolle en fonction de la course du piston dans une riveuse à air comprimé du système Allen.

On voit que, grâce au mouvement de bielles articulées, la pression dans le cylindre est très amplifiée à la fin de la course du piston, les cinq derniers millimètres de la course de la bouterolle correspondent à une course du piston de 93 millimètres environ. Il faut donc, pour obtenir la pression maximum nécessaire à la fin de l'écrasement de la rivure, effectuer un réglage préalable de l'écartement minimum des bouterolles, avec une très grande exactitude. Il est à remarquer qu'on ne peut chiffrer la pression exacte sur la bouterolle, en fonction de la course du piston, comme on serait tenté de la calculer d'après le diramme (fig. 23), parce que, dans le fonctionnement de la riveuse, dès l'admission de l'air comprimé dans le cylindre, les organes mobiles : piston, bielles, porte-bouterolle, etc., prennent une certaine vitesse et que, en fait, le rive-

Fig. 22. — Riveuse à air comprimé, à réglage exact préalable, créée par Allen.

tage s'effectue par choc, ce qui permet en somme d'utiliser une bonne partie de la force vive disponible et de produire une pression finale souvent plus élevée que si l'opération était faite statiquement. C'est d'ailleurs ce que Cavé avait remarqué à l'occasion des poinçonnages de grosses tôles qui exigeaient, pour être effectués sur sa machine, l'admission brusque de la vapeur (page 19).

Cette utilisation de la force vive, produite par la brusque mise en mouvement des organes, existe d'ailleurs dans toutes les riveuses précédentes.

La riveuse Allen, économique au point de vue de la dépense d'énergie, a été avantageusement employée pour des travaux de charpente, serrurerie, etc., n'exigeant pas un rivetage très soigné; mais elle n'a généralement pas été admise par les cahiers des charges pour les constructions importantes de ponts et de chaudières.

L'air comprimé a été aussi économiquement employé pour river par percussion rapide, c'est-à-dire par chocs successifs et rapides de la bouterolle.

Par ce procédé, le rivetage est effectué plus économiquement, plus facilement et dans un temps plus court que par le marteau à main; aussi convient-il très bien pour certains travaux, tels que ceux du rivetage des coques de navire, de charpentes métalliques, etc.

Mais si on examine une rivure effectuée au *marteau pneumatique*, on constate généralement que le trou n'est pas mieux rempli que dans le rivetage au marteau à main; la cause en est dans la moindre intensité du choc produit par ces marteaux pneumatiques. Dans une savante étude sur le martelage

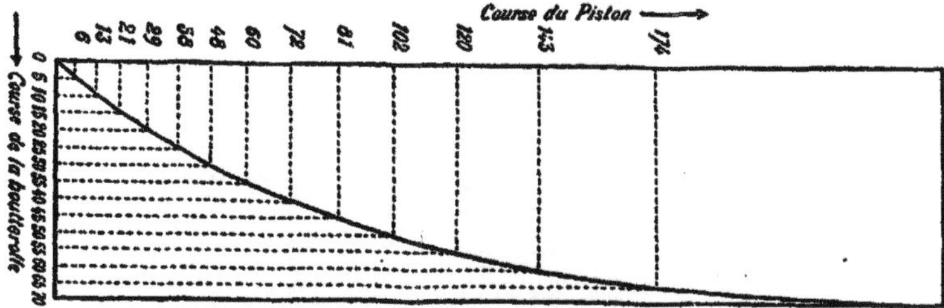

Fig. 23. — Diagramme donnant la course de la bouterolle en fonction de la course du piston, dans une riveuse à air comprimé de Allen.

et le rivetage, M. de Maupeou, à propos de l'écrasement des rivures, a constaté que le tas tenu à la main, véritable pendule balistique, avait un recul au moins trois fois moindre avec le marteau pneumatique qu'avec le marteau à bras.

Le rapprochement des tôles un peu épaisses et le remplissage des trous d'une certaine longueur ne peuvent donc pas être mieux obtenus avec ces marteaux pneumatiques qu'avec le marteau à bras (fig. 23 *bis*).

La rivure est terminée encore rouge, le rivet est alors libéré de toute pression, comme dans les riveuses à pression instantanée.

Dans la riveuse à air d'Allen, comme dans les riveuses à vapeur que nous avons décrites, le fluide qui apporte l'énergie, air comprimé ou vapeur, ne donne qu'une pression de 3 à 5 kilogrammes par centimètre carré de la surface du piston, ce qui oblige les constructeurs de ces machines à donner une grande section au cylindre, rend ces riveuses très encombrantes et restreint leur emploi en limitant le nombre possible de rivets à poser. L'emploi d'un liquide, pour actionner le piston, permet d'obtenir, par centimètre carré de la surface de celui-ci, une pression beaucoup plus élevée ; ainsi les riveuses hydrauliques fonctionnent-elles sous une pression de 100 kilogrammes par centimètre carré. Pour obtenir sur la bouterolle une pression totale donnée, la riveuse hydraulique a donc un cylindre plus petit que les riveuses ci-dessus décrites ; elle est

Fig. 23 *bis*. — Rivets posés au marteau pneumatique.

moins encombrante et, par conséquent, permet de poser mécaniquement plus de rivets dans un montage donné.

La figure 24 représente, d'après Armengaud (1), la première riveuse hydraulique, brevetée en France en 1872 et imaginée par Tweddell, ingénieur anglais.

Cette étude succincte de l'évolution de la riveuse ne visant que la qualité du rivetage obtenu avec chacun des divers systèmes de machines, je dois m'abs-

(1) Armengaud père, *Publication industrielle des machines-outils et appareils*, t. 24, pl. 22.

tenir d'entrer dans la description des divers dispositifs n'intéressant pas directement cette qualité ; je me propose d'ailleurs de reprendre ce travail dans une étude générale et plus complète sur l'évolution des machines-outils.

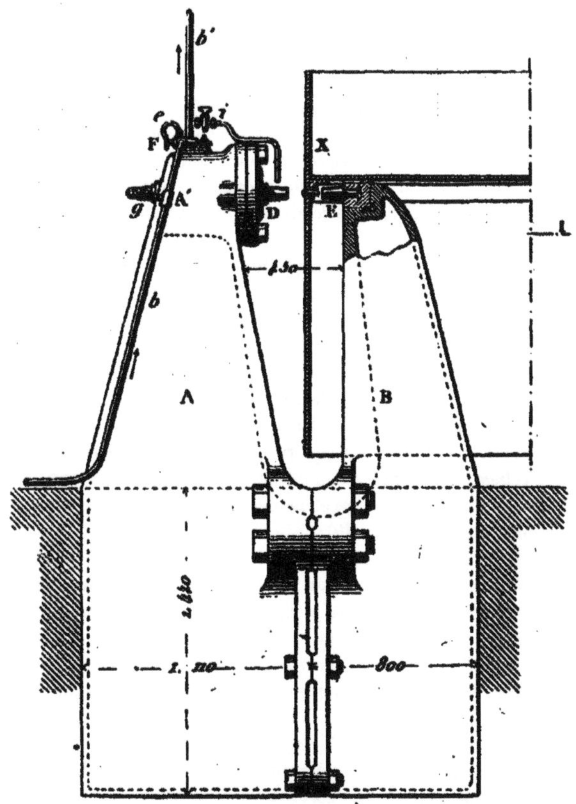

Fig. 21. — Riveuse hydraulique fixe, créée par Tweddell en 1872.

L'emploi de l'eau sous pression n'a pas seulement permis d'étendre [le domaine des riveuses mécaniques, en donnant des machines moins encombrantes et par suite capables de fonctionner dans des endroits où les autres systèmes de riveuses ne permettaient pas d'aborder ; il a aussi permis d'obtenir de meilleurs rivetages, le réglage préalable et précis n'étant plus nécessaire et la pression sur le rivet pouvant être maintenue aussi longtemps qu'il est nécessaire pour en attendre le refroidissement.

Les chaudronniers reprochent, avec raison, à ce système de riveuse hydraulique de dépenser inutilement une grande quantité d'énergie; en effet, pour approcher la contre-bouterolle jusqu'au contact de la pointe du rivet et, ensuite, pour effectuer la première partie de l'écrasement, la dépense d'eau se fait sous la pression maximum, alors qu'une pression très inférieure serait suffisante. C'est d'ailleurs pour atténuer cette perte importante d'énergie que Tweddell imagina d'abord de monter à vis la contre-bouterolle et de permettre ainsi un réglage préalable, mais seulement *approximatif*. Cette modification n'a pas été maintenue, parce qu'elle rendait la riveuse plus encombrante et en réduisait les applications possibles.

C'est aussi pour la même raison que le presseur ou accosteur des tôles adapté aux premières riveuses hydrauliques, comme dans les riveuses à vapeur de Lemaître (fig. 14) et de Gouin (fig. 18), a été presque généralement abandonné.

Les mécaniciens se sont appliqués à rendre leurs riveuses pratiques en les modifiant dans le but de river mécaniquement le plus possible de rivets.

Ainsi, on a d'abord désaxé la bouterolle mobile (fig. 25) pour permettre de river des pièces assemblées en équerre et en té. Puis, pour étendre l'application du rivetage mécanique au montage des grandes pièces, on fit la riveuse mobile, suspendue par un palan et susceptible de prendre dans l'espace toutes les positions nécessaires (fig. 26).

L'idée de river avec des broches au lieu de rivets, émise déjà par MM. Mayer et Cie de Mulhouse, ainsi que nous l'avons dit à propos de la première riveuse de Fairbairn, a été depuis reprise plusieurs fois, d'abord, paraît-il, par un ingénieur anglais de Manchester qui prit un brevet vers 1870, et ensuite par M. Schönbach qui fit une riveuse permettant de river à volonté avec des broches ou des rivets. La figure 27 montre le détail du mécanisme de la riveuse hydraulique de Schönbach.

Le but que se sont proposé ces mécaniciens est essentiellement économique; dans leur pensée, en employant des broches au lieu de rivets, les chaudronniers devaient gagner les frais de fabrication de la tête des rivets et l'emploi de broches les dispensait d'un approvisionnement de rivets de diverses longueurs.

Le rivetage avec des broches, s'il eût été pratique, eût présenté, outre ces petits avantages, un grand intérêt au point de vue de la qualité du rivetage; le remplissage du trou, s'effectuant par les deux extrémités, aurait été plus complet; mais cette machine n'est applicable qu'à des cas particuliers, quand, pendant le rivetage, le rivet est placé horizontalement lors de son introduction ; de plus, il est presque impossible de placer la broche au centre des bouterolles.

Fig. 25. — Riveuse hydraulique fixe avec bouterolle mobile désaxée.

ce qui fait que les deux rivures sont plus ou moins couchées ; enfin, l'encombrement du mécanisme de cette riveuse réduit considérablement ses applications.

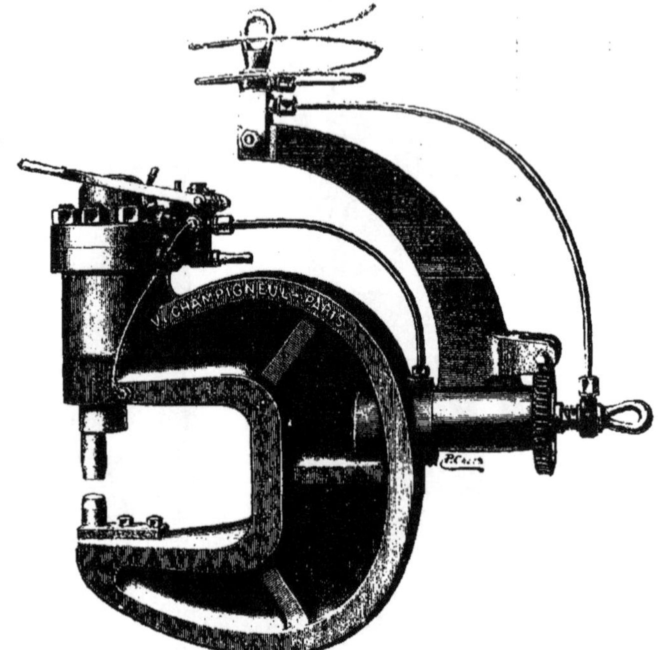

Fig. 26. — Riveuse hydraulique mobile.

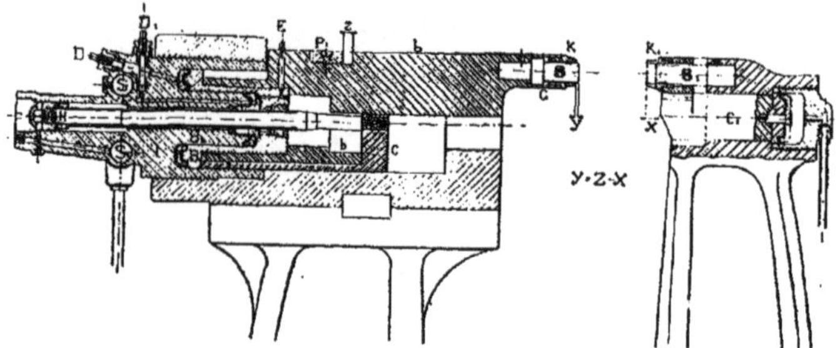

Fig. 27. — Riveuse hydraulique avec presseurs des tôles de Schönbach permettant de river à volonté soit avec des broches, soit avec des rivets ordinaires.

Pour obtenir de bons résultats avec une riveuse de broches, il faudrait que, en pratique, celle-ci pût d'abord serrer les tôles et se maintenir en place par ce serrage à l'aide du presseur ou accosteur, avant l'introduction de la broche à river. L'ouvrier riveur aurait ainsi tout le temps voulu pour centrer la machine de façon que les bouterolles soient bien dans l'axe du trou à remplir ; les rivures ne seraient jamais couchées et le remplissage du trou serait d'autant mieux effectué qu'il serait fait par les deux extrémités et que l'écrasement commencerait aussitôt après l'introduction de la broche, sans aucune perte de temps, par conséquent avant que la broche se soit sensiblement refroidie au contact des tôles froides.

J'ai fait l'étude d'une riveuse fonctionnant d'après ce principe ; mais la complication du mécanisme rendait la machine encombrante et en restreignait l'emploi ; et, comme j'ai pu obtenir le résultat cherché, avec les riveuses ordinaires, en modifiant seulement la forme du rivet, j'ai renoncé à l'exécution de ce projet de riveuse.

En somme, les riveuses qui, jusqu'ici, ont eu le plus de succès sont les riveuses hydrauliques de Tweddell et spécialement la riveuse articulée et mobile, dont le cylindre est placé en arrière de l'articulation par rapport aux bouterolles (fig. 28) ; toutefois, pour ce modèle, il est indispensable de n'opérer qu'avec des bouterolles de même longueur, sinon la rivure tend à se coucher. Ces riveuses donnent une pression constante et aussi élevée qu'on le désire, elles n'exigent pas de réglage exact préalable, elles permettent de maintenir la pression sur la rivure aussi longtemps qu'on le désire ; enfin, peu encombrantes du côté des bouterolles, elles permettent de river mécaniquement plus de rivets qu'avec tout autre modèle.

Quelques mécaniciens ont imaginé d'actionner les riveuses par l'électricité, ce qui supprime accumulateur, tuyauterie, etc. avantage appréciable, surtout pour les montages à pied d'œuvre.

La figure 29 montre une riveuse de ce système (1). Un électro-moteur actionne un plateau ; une rainure circulaire de ce plateau sert de logement à une bobine en fil de cuivre isolé, à laquelle le courant arrive par deux frotteurs et deux bagues fixées sur l'arbre. Quand le courant traverse la bobine, un second plateau vient s'appliquer contre le premier et est entraîné par lui. Ce second plateau est solidaire d'une vis qui, par son mouvement, fait avancer l'écrou commandant la bouterolle par l'intermédiaire d'un système articulé. Une fois le rivet écrasé, le courant de la bobine qui maintenait l'embrayage est rompu automatiquement et la réaction du bâti ramène de suite l'écrou vers sa position primitive. Le mouvement de bielles articulées pour multiplier l'effort sur la bou-

(1) *Génie civil,* 22 octobre 1898.

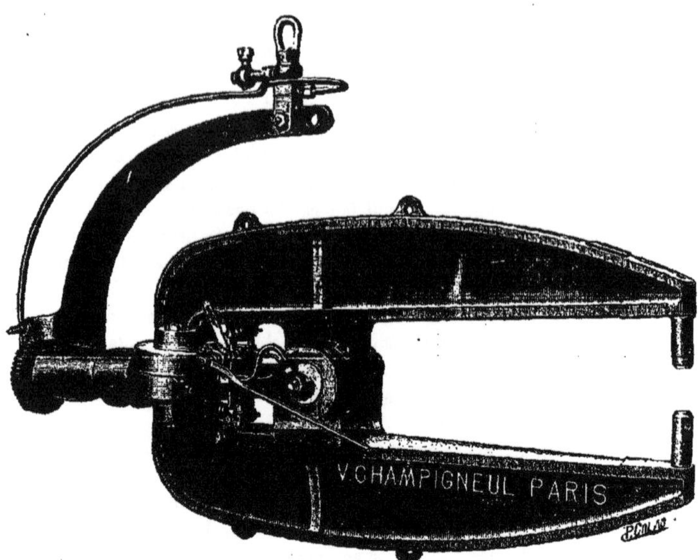

Fig. 28. — Riveuse hydraulique articulée et mobile.

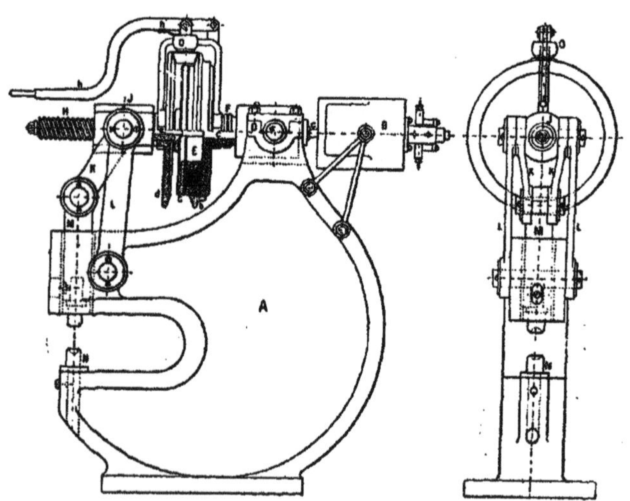

Fig. 29. — Riveuse électrique, à réglage exact préalable et à pression sans durée.

terolle exige un réglage exact préalable de l'écartement minimum des bouterolles, et l'arrêt automatique — aussitôt la rivure achevée — supprime la pression sur la bouterolle. Le transport électrique de l'énergie a été aussi appliqué
à des riveuses hydrauliques; on n'a pas alors l'inconvénient du réglage exact
préalable, mais la transmission de l'énergie cessant automatiquement dès la fin

Fig. 30. — Riveuse à bras.

de l'écrasement de la rivure, la pression manométrique commence à baisser
immédiatement, par suite de l'écrasement consécutif de la bavure et des fuites
que l'on constate très souvent à la soupape de retenue; on ne peut donc être
certain, dans la pratique industrielle, de maintenir la pression sur les rivets;
enfin, l'encombrement du mécanisme réduit l'application de cette machine.

Quelques inventeurs ont imaginé de construire des riveuses fonctionnant à
bras; la figure 30 montre une de ces riveuses; — mais ces machines ne rendent
pas les services qu'en attendaient leurs auteurs; elles ne peuvent être mobiles, parce

que l'effort de l'ouvrier sur la manivelle ferait déplacer la riveuse suspendue et les bouterolles s'écarteraient du rivet; elles ne peuvent être utilisées que fixes, et pour la pose de petits rivets, car la quantité d'énergie nécessaire pour l'écrasement de la rivure des ponts et des chaudières est trop grande pour être produite, en quelques secondes, par un ouvrier de force moyenne: cet écrasement est alors beaucoup plus lent, et cela d'autant plus que, au contact des pièces à river et surtout de la bouterolle, le rivet se refroidit rapidement et exige alors un effort d'autant plus grand pour en continuer l'écrasement.

Pour appliquer pratiquement le rivetage à la riveuse à bras, il faudrait accumuler d'avance, dans un fort ressort par exemple, l'énergie nécessaire, 250 à 300 kilogrammètres, pour la restituer au moment voulu dans un temps très court; mais la riveuse deviendrait alors encombrante et d'un usage restreint.

FORMATION DE LA TÊTE ET DE LA RIVURE DES RIVETS

Lorsque, vers 1847, Robert Stephenson voulut appliquer le rivetage mécanique à l'importante construction du pont de Conway, une vive discussion s'engagea entre les partisans de l'ancien procédé du rivetage à la main et ceux du nouveau procédé du rivetage à la machine.

Dans le but de comparer les résultats obtenus par ces deux procédés de rivetage, les ingénieurs des ateliers de Newcastle pratiquèrent des coupes par le milieu d'échantillons rivés les uns à la main, les autres à la riveuse de Garforth (fig. 17); à l'examen de ces coupes, ils remarquèrent de suite une différence « d'arrangement des fibres » dans les deux systèmes de rivetage.

La figure 31 reproduit la gravure donnée par Edwin Clark (1) pour montrer au moyen d'une attaque l'arrangement comparé des fibres du fer dans les deux systèmes de fabrication de la tête et de la rivure, à la main et à la machine.

Pour comprendre cette différence d'arrangement des fibres, il faut d'abord observer comment s'effectue la déformation du métal dans un cylindre écrasé, soit par percussions successives, soit par compression continue.

Ainsi que je le rappelai dans une note antérieure (2), un cylindre de métal, un *crusher* (fig. 32), écrasé par les chocs successifs d'un marteau, se déforme en tulipe (fig. 33), tandis qu'écrasé statiquement, c'est-à-dire par une compression continue, il se déforme en tonneau (fig. 34), parce que ses deux faces planes subissent, pour glisser et s'étendre sur les plateaux, un frottement qui les empêche de s'épanouir autant que peut le faire le reste du cylindre. On peut constater (3) que c'est bien le frottement des bases sur les plateaux qui est la

(1) Edwin Clark, *The Britannia and Conway tubular bridges*. Londres, 1850, p. 832.
(2) *Bulletin des Ingénieurs civils de France*, novembre 1897, p. 723 à 726.
(3) *Revue de Métallurgie*, juin 1904, p. 326.

cause du moindre gonflement des extrémités du crusher ainsi écrasé, en super-
posant deux crushers (fig. 35); car l'écrasement de l'ensemble s'effectue alors

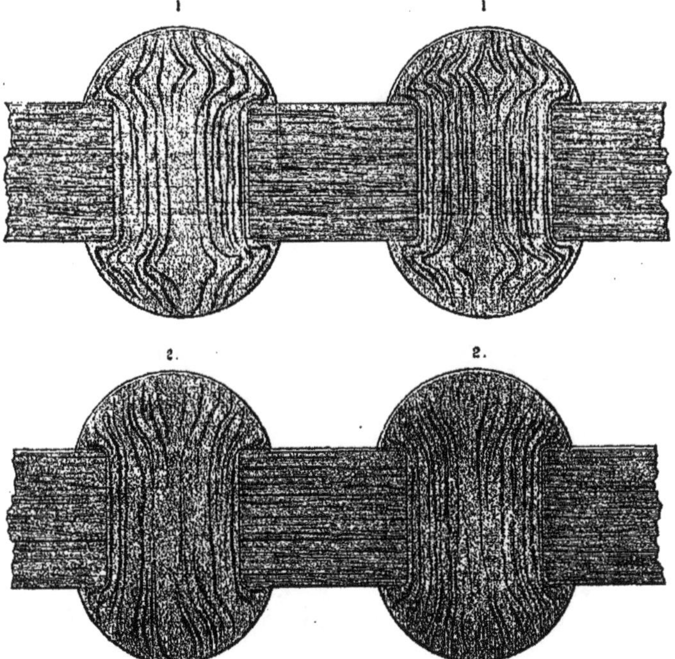

Fig. 31. — Arrangement, révélé par une attaque, des fibres du fer dans les rivets faits et posés res-
pectivement, à la machine ou à la main. Expérience faite en 1847, dans les ateliers de Robert
Stephenson à Newcastle.

Fig. 32 à 36. — Divers modes de déformations des crushers soumis à la percussion
et à la compression.

encore en forme de tonneau et les faces en contact des deux crushers correspondent cette fois au plus fort renflement (fig. 36).

Lorsque la compression du métal est effectuée à chaud, le phénomène est encore plus sensible, parce que les faces du crusher chaud, en contact avec les plateaux froids de la presse, perdent de leur chaleur par conductibilité et op-

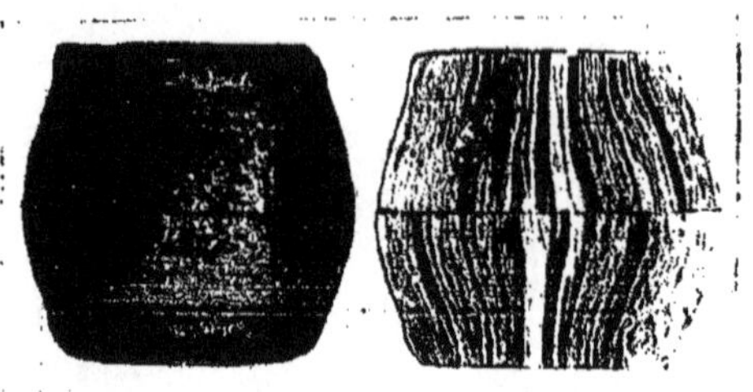

Fig. 37.   Fig. 38.

posent au glissement et à l'écrasement une résistance d'autant plus grande qu'elles sont plus refroidies

Les figures 37 à 40 montrent les déformations à chaud et sous une pression

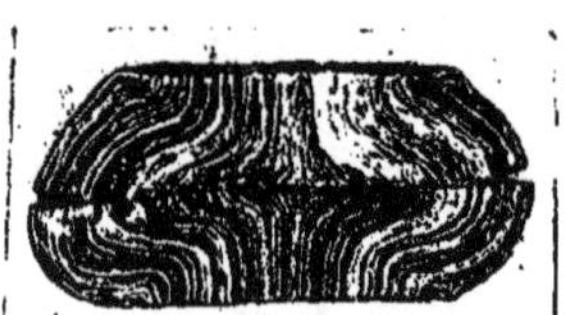

Fig. 39.   Fig. 40.

Fig. 37 à 40. — Déformations à chaud, de deux crushers superposés soumis
à une compression continue.

continue, de deux crushers en fer superposés et se comportant comme si l'ensemble ne formait qu'un seul morceau.

La déformation en tulipe, dans l'écrasement par percussion, est due à l'inertie de la matière ; les phénomènes de cet ordre sont connus depuis plusieurs siècles (1).

Quand la percussion sur le crusher est effectuée à chaud, la forme de la tulipe est un peu différente de celle qu'elle prend lorsque le métal est froid,

(1) *Revue de Métallurgie*, juin 1904, p. 327.

parce que la face qui reçoit le coup de marteau subit un refroidissement local et que la pression du marteau sur la face comprimée restreint l'épanouissement du métal qui n'atteint son maximum qu'un peu au-dessous de la surface frappée.

Lorsque le coup de marteau est frappé au centre du crusher, l'épanouissement effectué comme il vient d'être dit a une forme symétrique, représentée schématiquement figure 41.

Pour étaler le métal, comme il est fait dans la rivure au marteau, il faut aussi marteler latéralement par rapport à l'axe; l'épanouissement s'effectue, en principe, comme précédemment, c'est-à-dire avec le maximum d'écoulement un peu en dessous de la partie frappée; mais cet écoulement ne se produit que

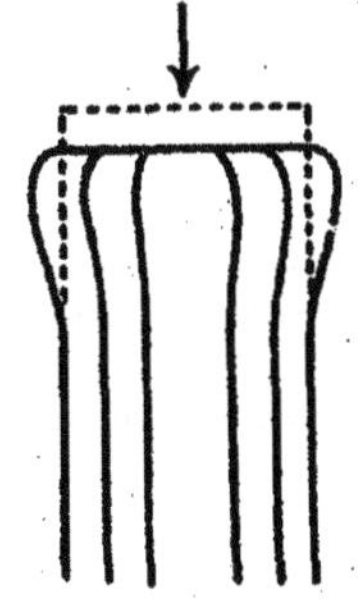

Fig. 41. — Schéma de la déformation d'un cylindre en fer chaud soumis à une percussion centrale.

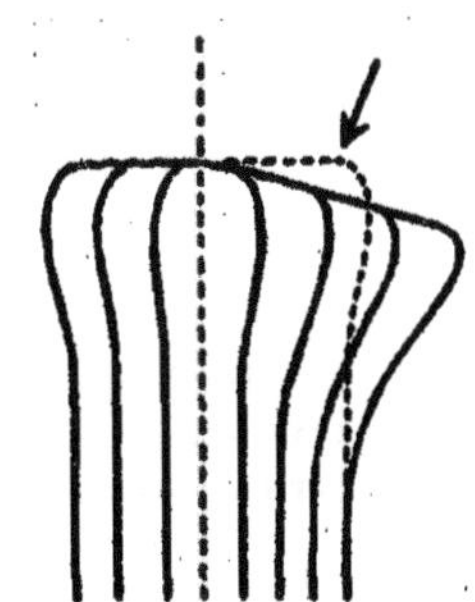

Fig. 42. — Schéma de la déformation d'un cylindre en fer chaud soumis à une percussion oblique par rapport à son axe.

du côté frappé, celui qui offre le moins de résistance, naturellement; cette déformation est dissymétrique et augmente graduellement au fur et à mesure qu'elle s'éloigne de l'axe du cylindre, la figure 42 montre le schéma de cette déformation latérale par percussion sur métal chaud.

MODE DE FORMATION DE LA RIVURE AU MARTEAU A MAIN

Pour étudier le mode de formation de la rivure au marteau à main, j'ai pris dans du fer rond de 25 millimètres de diamètre, choisi spécialement à mises révélables par l'attaque, des morceaux cylindriques d'une longueur suffisante pour donner une rivure bien nourrie et, dans une clouière *ad hoc* percée d'un trou de 25^{mm},5, j'ai fait, avec chacun de ces morceaux de fer, convenablement chauffés, des rivures aux différents degrés d'avancement, depuis la rivure n'ayant reçu qu'un ou deux coups du petit marteau à main jusqu'à la rivure complètement terminée à la bouterolle à main; puis j'ai scié par le milieu chacune de ces rivures progressives : un des deux morceaux a été photographié pour montrer l'extérieur de la rivure, tel qu'il apparaît dans la fabrication, et l'autre morceau a été photographié à côté du premier, mais après attaqué à l'acide de la face interne, pour montrer la déformation du métal qui s'effectue bien d'après les principes décrits ci-dessus.

Les figures 43 à 65 sont les photographies des étapes par lesquelles passe la rivure écrasée au marteau à main par chocs successifs.

Au début, figures 43 et 45, lorsque la percussion est effectuée au milieu et dans l'axe du cylindre ; l'épanouissement est symétrique et atteint son maximum d'étendue un peu au-dessous de la face frappée, comme l'explique le schéma figure 41. Ensuite, figures 47 à 57, la rivure est obtenue par des chocs latéraux successifs, autour de l'axe ; l'épanouissement s'effectue dissymétriquement, comme l'explique le schéma figure 42.

Les figures 59 à 61 correspondent au bouterollage, c'est-à-dire à la régularisation de la surface sphérique de la rivure, prévue par la creusure de l'outil, en faisant disparaître les facettes laissées par chaque coup de marteau. Dans ces deux bouterollages, la creusure de l'outil correspondait aux dimensions adoptées pour la rivure des ponts. La figure 63 représente le rivet de chaudière, généralement moins bombé que le rivet de pont.

La figure 65 représente la formation de la rivure conique qui fut autrefois très employée pour les chaudières.

MODE DE FORMATION DE LA RIVURE A LA MACHINE

Pour étudier le mode de formation de la rivure à la machine, j'ai pris, dans la barre de fer rond de 25 millimètres de diamètre qui m'avait servi pour les essais de rivures au marteau à main, une nouvelle série de morceaux cylindriques de longueur suffisante pour donner une rivure bien nourrie et une petite bavure, telle qu'on la produit dans la pratique industrielle et, comme précédemment, j'ai effectué des rivures aux divers degrés d'avancement, mais en opérant, cette fois, par pression continue.

La figure 66 représente la presse hydraulique du laboratoire de mécanique de l'École des mines qui m'a servi à opérer ; c'est sur cette machine que j'ai effectué toutes les expériences et tous les essais de rivetage décrits dans cette présente note.

Cette machine est alimentée par un accumulateur à charges variables, ce qui permet de produire sur l'outil des pressions maximum variables de dix tonnes en dix tonnes depuis trente tonnes jusqu'à cent tonnes ; avantage appréciable pour l'étude du rivetage, car il suffit, pour donner une pression déterminée, de régler l'accumulateur en conséquence et, au moment voulu, d'ouvrir l'admis-

Fig. 43.

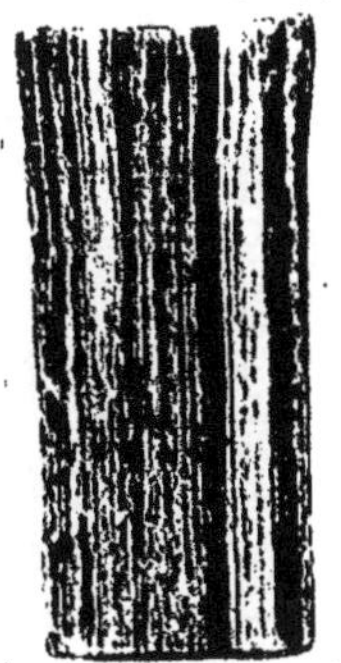

Fig. 44.

Fig. 45.

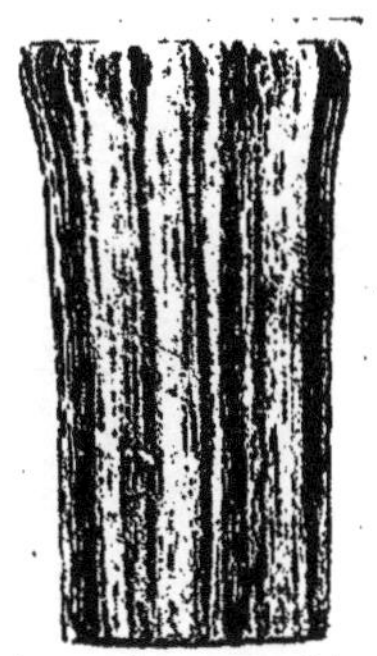

Fig. 46.

Fig. 47.

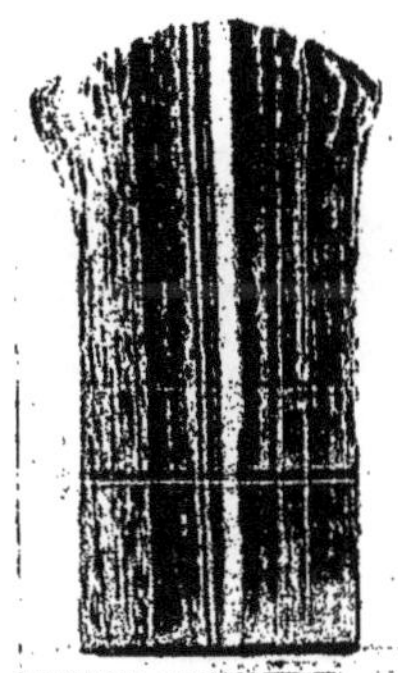

Fig. 48.

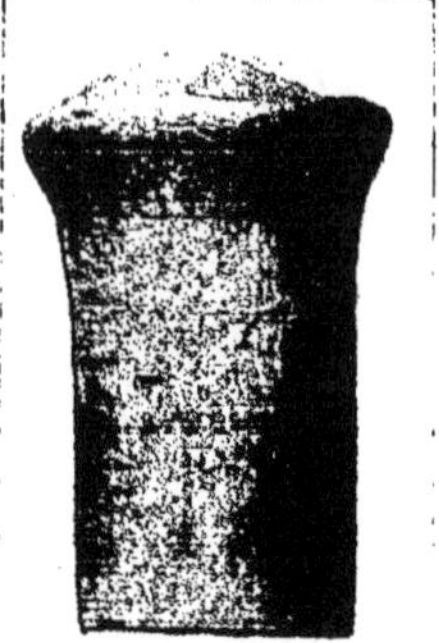

Fig. 49.

Fig. 50.

Fig. 51.

Fig. 52.

Fig. 53.

Fig. 54.

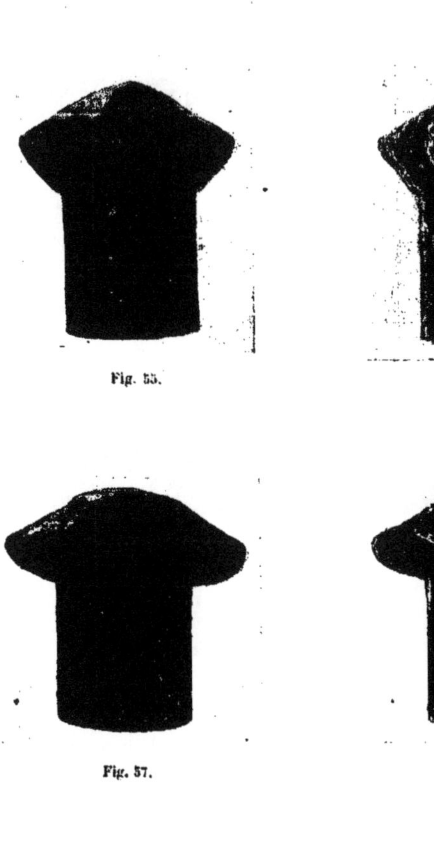

Fig. 55.

Fig. 56.

Fig. 57.

Fig. 58.

Fig. 59.

Fig. 60.

Fig. 61.

Fig. 62.

Fig. 63.

Fig. 64.

Fig. 48 à 64. — Étapes successives des déformations du métal dans la rivure ordinaire effectuée au marteau à main.

Fig. 65. — Déformation du métal dans la rivure conique effectuée au marteau à main.

sion de l'eau au cylindre, pour obtenir et maintenir sur la bouterolle la pres-

Fig. 66. — Presse hydraulique de 100 tonnes avec appareil enregistreur.

sion déterminée, même s'il se produit un écrasement consécutif. Il ne serait pas possible de maintenir cette pression déterminée, en opérant sur une machine recevant une pression supérieure et en fermant l'admission dès que la pression déterminée pour l'expérience est atteinte, parce que l'écrasement du rivet se continue pendant son refroidissement; il y a alors affaissement, et la pression sur la bouterolle diminuerait sensiblement, même s'il n'y avait aucune fuite.

La pression donnée par l'accumulateur est contrôlée par un manomètre à cadran.

Cette machine est en outre munie d'un appareil enregistreur qui trace le diagramme du travail à une très grande échelle; la course de l'outil est amplifiée dix fois; les ordonnées indiquent les efforts à raison de 1 millimètre de hauteur pour une pression de 500 kilos sur la bouterolle. Cette mesure de l'effort est obtenue par l'écartement élastique du bâti en acier, qui se déforme proportionnellement à l'effort produit; ce petit écartement élastique est amplifié par un grand bras de levier qui porte à son extrémité la plume de l'enregistreur.

Dans ces conditions, pour une rivure de 25 millimètres de diamètre du tât du rivet, nécessitant une course utile de la bouterolle de 25 millimètres de longueur environ, outre la course d'approche, et une pression de 100 tonnes par exemple, le diagramme a, en abscisses, une longueur de 25 centimètres et une hauteur d'ordonnées de 20 centimètres. Ces grandes dimensions, utiles pour l'étude, ont été réduites de moitié en diamètre pour entrer dans le cadre de cette Revue.

Pour étudier le mode de formation de la rivure à la machine, les morceaux de fer ont été chauffés aussi également que possible à la température du blanc à peine ressuant, et les diagrammes successifs ont montré, par leur coïncidence presque complète, que cette température a été, à fort peu près, la même pour chacun des essais.

La figure 67 représente le diagramme du travail dépensé pour effectuer une rivure complète sous la pression maximum produite par l'accumulateur. Cette pression maximum est statiquement de 100 tonnes; mais, comme elle est loin d'être entièrement utilisée sur toute la course de la bouterolle, il en résulte un effort dynamique, un choc par coup de bélier, à la fin de l'opération, ce qui a produit une pression finale de 103 tonnes, par conséquent plus élevée de 3 tonnes que la pression statique.

Dans l'installation des riveuses hydrauliques, il est nécessaire de restreindre la vitesse du débit de l'eau sous pression, par des étranglements de section au distributeur et des sections relativement faibles de la tuyauterie d'arrivée. Par une admission brusque à toute ouverture, on aurait un débit très grand et une grande vitesse de chute à l'accumulateur, ce qui occasionnerait un effort

dynamique très élevé, un puissant coup de bélier, par suite d'un arrêt brusque
de la bouterolle ; le bâti de la riveuse subirait un effort supérieur à celui pour
lequel il a été calculé et se déformerait d'une manière permanente.

Les figures 68 à 87 montrent les étapes successives des déformations du
métal dans la rivure à la machine. Les rivures ainsi obtenues ont été sciées par
le milieu, attaquées et photographiées, en vraie grandeur, comme il a été fait

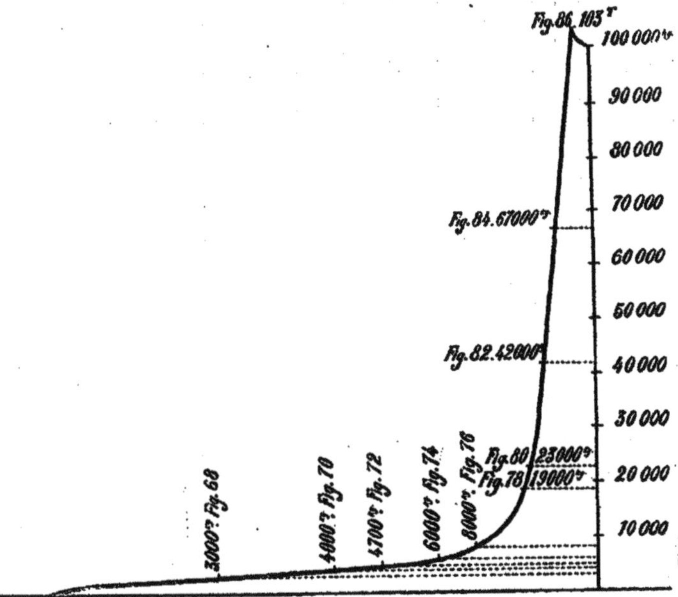

Fig. 67. — Diagramme de la rivure à chaud d'un rivet de 25 millimètres de diamètre.

précédemment pour l'étude des déformations du métal dans la rivure au marteau.

Le cylindre de fer chaud, d'une manière générale, s'écrase en tonneau
comme dans la compression des crushers, mais l'écoulement latéral des faces
extrêmes est ici limité, à la partie inférieure par le bord du trou de la clouière
(ou de la pièce à river) et à la partie supérieure par la creusure sphérique de
la bouterolle qui commence à comprimer l'arête du cylindre métallique ; le
refroidissement de ces deux extrémités, au contact de la bouterolle et de la
clouière, retarde l'écrasement du métal, et l'épanouissement du tonneau est

maximum vers le milieu de la hauteur émergente de la tige cylindrique plus ou moins comprimée.

Quand le gonflement de la partie supérieure est suffisant pour remplir la creusure de la bouterolle, cette partie de la rivure, complètement emprisonnée dans ce moule sphérique, ne peut plus s'épanouir et c'est la partie la plus large, comprise entre la bouterolle et la face supérieure de la clouière (ou la face supérieure de la pièce à river) qui alors s'écrase comme si elle était comprimée entre les deux plateaux d'une presse; la section augmentant alors très sensiblement, la résistance à l'écrasement augmente aussi et cela d'autant plus que le métal, en se refroidissant, oppose déjà par ce fait une plus grande résistance par unité de surface écrasée; c'est ce qui explique l'augmentation rapide de la pression, vers la fin de l'écrasement de la rivure, ainsi qu'on le constate sur le diagramme (fig. 67).

C'est pour obtenir, avec une pression donnée, le maximum d'effet à la fin de l'opération, qu'il y a intérêt à tenir le bord inférieur de la bouterolle aussi mince que possible, 1 millimètre par exemple, pour que cette pression donnée, répartie sur le minimum de surface, produise un effort maximum par unité de surface.

Sur la figure 67 donnant le diagramme de l'écrasement complet de la rivure, on a marqué les points où a été arrêtée la pression pour chacune des rivures des figures 68 à 86.

Les efforts sont figurés par les ordonnées, et la course effective de la bouterolle est indiquée par millimètres, en abscisses.

Il est à remarquer que la course utile de la bouterolle est plus grande que l'écrasement effectif de la tige qui a produit la rivure; l'écart est d'environ 4 millimètres et cette différence tient à ce qu'au début de l'opération, la tige touche, par son arête, l'intérieur de la bouterolle et qu'il reste un vide d'environ 4 millimètres entre l'extrémité de la tige et le fond de cette bouterolle ainsi qu'on le voit sur le tracé géométrique (fig. 88); la tige, au début, émerge de $34^{mm},8$ et la rivure terminée a $17^{mm},7$, ce qui donne un écrasement effectif de $17^{mm},1$ produit par une course utile de la bouterolle de 21 millimètres.

Saillie initiale de la tige.	34,8		
Fig. 68. Hauteur de la rivure . . .	30,6	Pression . . .	3 000 kilos.
— 70 — — . . .	26,2	— . . .	4 000 —
— 72 — — . . .	24,3	— . . .	4 500 —
— 74 — — . . .	22	— . . .	6 000 —
— 76 — — . . .	20,6	— . . .	8 000 —
— 78 — — . . .	19,3	— . . .	19 000 —
— 80 — — . . .	18,4	— . . .	23 000 —
— 82 — — . . .	18,2	— . . .	42 000 —
— 84 — — . . .	18	— . . .	65 000 —
— 86 — — . . .	17,7	— . . .	103 000 —

REMPLISSAGE DU TROU PAR GONFLEMENT DU FUT DU RIVET

Le rivet posé à chaud se contracte en se refroidissant et opère par ce fait le serrage des différentes pièces en contact.

Si le corps du rivet ne remplit pas parfaitement la cavité dans laquelle il est logé, les efforts qui tendent à séparer les pièces doivent d'abord vaincre le frottement résultant du serrage; si cette adhérence est détruite, il se produit un glissement relatif des pièces, et le corps du rivet tend à être cisaillé. La résistance par adhérence et la résistance par cisaillement sont donc ici consécutives.

Ce phénomène est observé quelquefois dans les assemblages des longerons avec les pièces de pont, quelquefois même dans la rivure courante des longerons et des pièces de pont, et aussi dans les assemblages des treillis des grandes poutres portant directement les rails.

Dans ce cas, les trous des rivets s'ovalisent rapidement par les chocs des bords contre le corps des rivets, et les rivets eux-mêmes se mâchent (fig. 89).

Si le corps du rivet remplit parfaitement son logement, les résistances par adhérence et par cisaillement sont simultanées et se viennent mutuellement en aide pour empêcher tout déplacement relatif, au grand bénéfice de la rigidité de la construction et de sa durée avec le minimum d'entretien.

Le remplissage complet du trou est aussi indispensable dans la construction des chaudières, pour obtenir l'étanchéité convenable. Lorsque les rivets ne remplissent pas complètement les trous, il se produit des fuites et on est obligé de faire des matages réitérés qui détériorent les tôles et occasionnent des arrêts intempestifs de service.

Il est donc nécessaire de connaître les conditions à remplir pour obtenir un refoulement suffisant du fût du rivet, pour combler les anfractuosités plus ou moins importantes qui existent dans les trous.

Ces anfractuosités résultent du chevauchement par correspondance irrégulière des trous percés préalablement dans chaque tôle, des différences de diamètres de ces trous, de la conicité quand ils ont été poinçonnés, etc.

On admet généralement que le rivetage au marteau ne peut pas produire un remplissage complet des trous, mais que le rivetage à la machine permet d'obtenir ce remplissage en renflant suffisamment le fût pour refouler le métal dans toutes les anfractuosités.

Cette opinion générale est probablement fondée sur l'apparence de certains échantillons que les marchands de riveuses montrent comme spécimens de rivetages effectués à la machine.

Ces échantillons n'ont généralement pas l'épaisseur de 100 millimètres qu'on

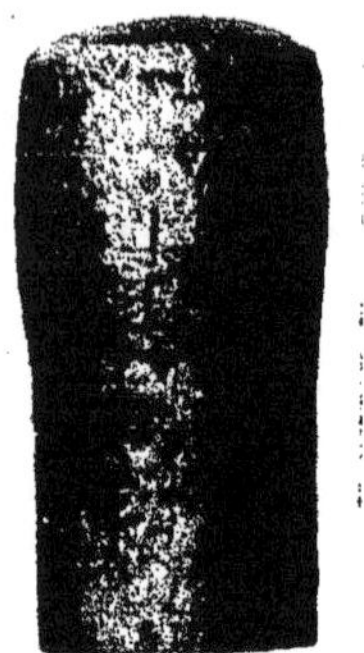

Fig. 68. — 3 000 kil.

Fig. 69. — 3 000 ki².

Fig. 70. — 4 000 k l.

Fig. 71. — 4 000 kil.

Fig. 72. — 4 700 kil.

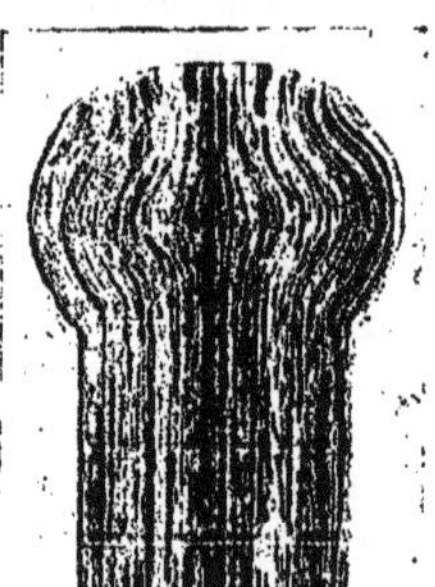

Fig. 73. — 4 700 kil.

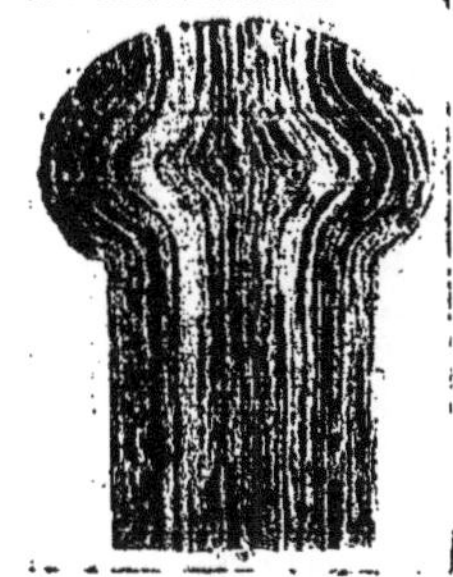

Fig. 74. — 6 000 kil.

Fig. 75. — 6 000 kil.

Fig. 76. — 8 000 kil.

Fig. 77. — 8 000 kil.

Fig. 78. — 10 000 kil.

Fig. 79. — 10 000 kil.

Fig. 80. — 23 000 kil.

Fig. 81. — 23 000 kil.

Fig. 82. — 42 000 kil.

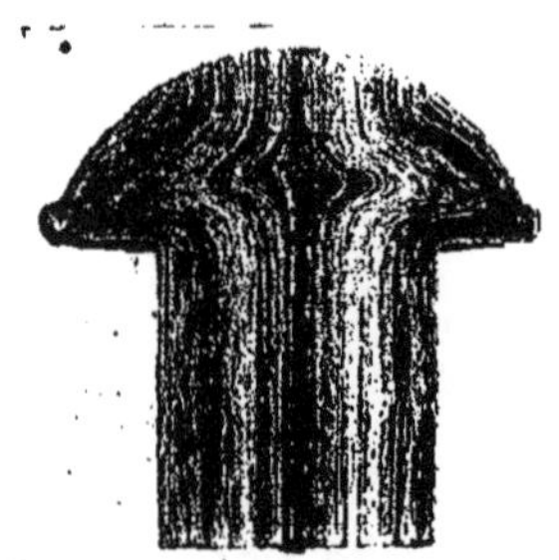

Fig. 83. — 42 000 kil.

Fig. 84. — 67 000 kil.

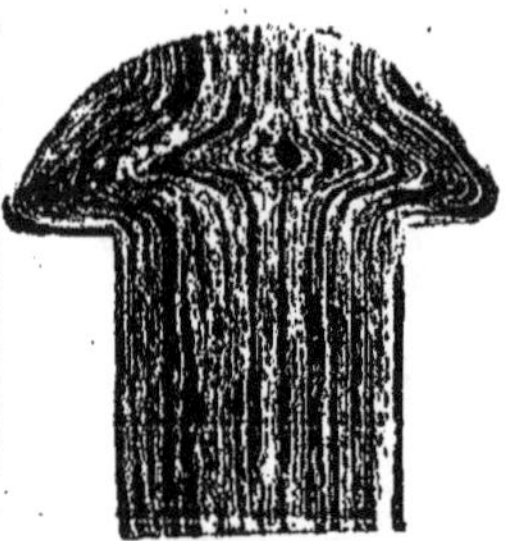

Fig. 85. — 67 000 kil.

est appelé à rencontrer dans le rivetage des ponts; de plus, les trous coïncident ordinairement assez bien, et il n'y a pas de grands écarts de chevauche-

Fig. 86. — 103 000 kil.

Fig. 87. — 103 000 kil.

Fig. 68-87. — Étapes successives des déformations du métal dans la rivure
effectuée à la machine.

ment; enfin, les procédés mécaniques employés pour pratiquer la coupe des
échantillons par axe des rivets posés : sciage, fraisage, rabotage, dressage à la

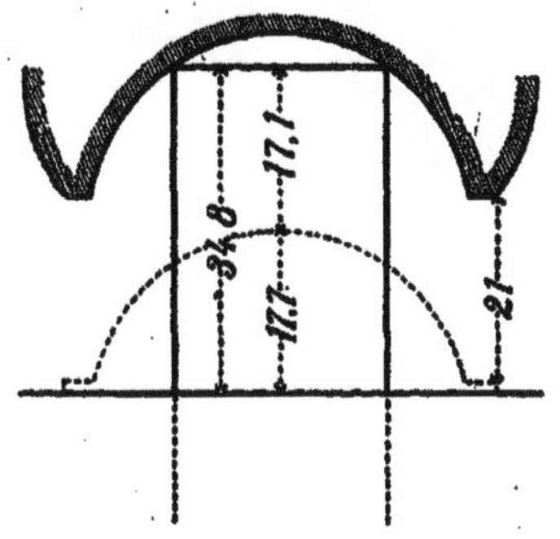

Fig. 88. — Épure de la course de la bouterolle dans l'écrasement de la rivure.

lime, etc., produisent tous, plus ou moins, des bavures qui cachent en partie
et souvent complètement les vides laissés autour du fût du rivet; seules, les
grandes cavités peuvent encore apparaître à la vue; mais alors l'habileté de
l'ouvrier ajusteur intervient pour les cacher par un matage approprié, au

matoir ou à la panne du rivoir, matage dont les vestiges disparaissent ensuite
sous la lime; la pièce, enfin bien polie, montre en apparence un remplissage
complet du trou, un rivetage parfait.

Mais, si, à l'aide d'une lame de canif ou d'une pointe à tracer dont l'extrémité est méplate et bien effilée, on suit, en appuyant, la ligne apparente
de séparation du rivet et du métal rivé, la bavure, sous la pression, s'en-
fonce dans le vide qu'elle cachait; si, au contraire, le remplissage du trou
est complet, la pointe ne peut pénétrer et trace seulement à la surface un léger
trait.

Pour me renseigner sur l'importance du remplissage des vides qu'on peut

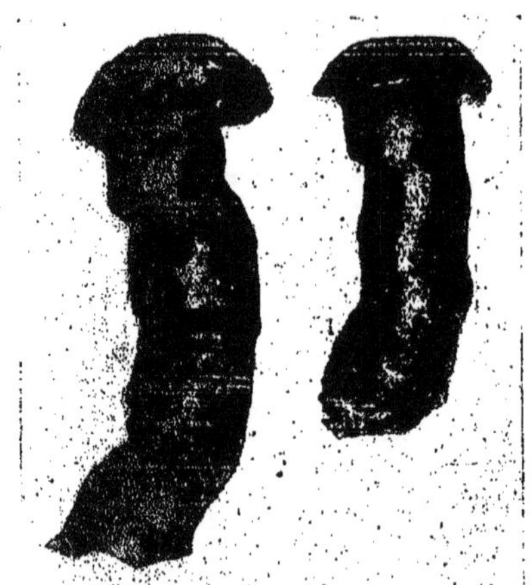

Fig. 89. — Rivets cintrés et mâchés par suite de glissements réitérés des tôles.

obtenir avec les riveuses mécaniques, j'ai fait préparer, par des constructeurs de
ponts, des petits paquets de fers plats de 80 × 9 et de 80 × 11 superposés pour
obtenir une épaisseur totale de 100 millimètres. Chacun des morceaux de fer
avait été, au préalable, poinçonné de deux trous de 26 millimètres de diamètre,
également espacés pour se correspondre, après superposition, avec les écarts
normaux de la pratique industrielle.

Ces trous n'ont été alésés, ni pour enlever la partie de métal écrouie à leur
périphérie par le poinçonnage, ni pour obtenir un trou lisse d'un bout à l'autre,
alésage demandé par certains cahiers des charges; mon but n'était pas d'effectuer un rivetage utilisable, mais seulement de rechercher quelle pouvait être
l'importance des vides tolérables en pratique, avec certitude de pouvoir les

remplir par un rivetage mécanique, et quel était le type de riveuse qui, à ce point de vue, pouvait donner le meilleur résultat.

Pour permettre d'en effectuer facilement le rivetage, chacun de ces petits paquets était momentanément maintenu par un boulon passant par un de ces deux trous de rivets, afin d'empêcher les morceaux de fer qui les constituaient de s'écarter au moment du rivetage; ce boulon était ensuite enlevé après la pose du premier rivet, pour livrer la place au second.

Pour river ces petits paquets, je me suis adressé à des constructeurs de ponts, de chaudières, possédant des machines à river des différents types courants.

Les rivetages furent effectués dans les meilleures conditions possibles d'exécution, par l'ouvrier le plus habile et le plus entraîné à se servir de chaque type de riveuse, en présence des constructeurs ou de leurs ingénieurs; il y a donc lieu d'admettre que les résultats obtenus doivent être au moins aussi bons, et probablement meilleurs que ceux du même rivetage en pratique, lorsque les ouvriers sont moins bien choisis et moins surveillés.

Ces essais de rivetage mécanique ont été effectués sur les six types suivants de riveuses les plus généralement employés :

1° Riveuse à vapeur (fig. 18).

2° Riveuse de Bergue (fig. 20).

3° Riveuse à air comprimé.

4° Riveuse hydraulique fixe.

5° Riveuse hydraulique articulée et mobile.

6° Riveuse hydraulique électrique.

Dans chacun de ces trois derniers essais, il fut employé deux rivets de longueur un peu différente, un rivet d'une longueur suffisante pour permettre le remplissage complet du trou, si ce remplissage complet était réalisable, et l'autre rivet un peu moins long.

Les paquets ainsi rivés furent ensuite sciés par l'axe des rivets et les surfaces à examiner furent limées, polies et attaquées à l'acide pour mieux montrer la ligne de démarcation entre le métal à river et le métal du rivet.

Les figures 90 à 99 sont les photographies de ces essais de remplissage des trous par les rivets.

On constate que le résultat obtenu est à peu de chose près le même pour les dix rivets : aucun de ceux-ci n'a rempli complètement les cavités, à beaucoup près; ce n'est guère que près des têtes et surtout près des rivures que le remplissage a été obtenu; mais, partout ailleurs, et sur la majeure partie de la longueur du fût, il n'y a pas eu de renflement sensible.

C'est là le contraire de ce qu'on serait tenté de supposer *a priori*; car le rivet, écrasé suivant son axe, commence par se renfler en son milieu et prend la forme dite en tonneau (fig. 32 à 36). Ce gonflement médian serait-il donc arrêté par la production du bourrelet à la base de la rivure (fig. 70, 71 et suivantes)? il semble en effet, lorsque la rivure porte par sa partie inférieure sur la face extérieure de la pièce à river, que la pression de la bouterolle doive

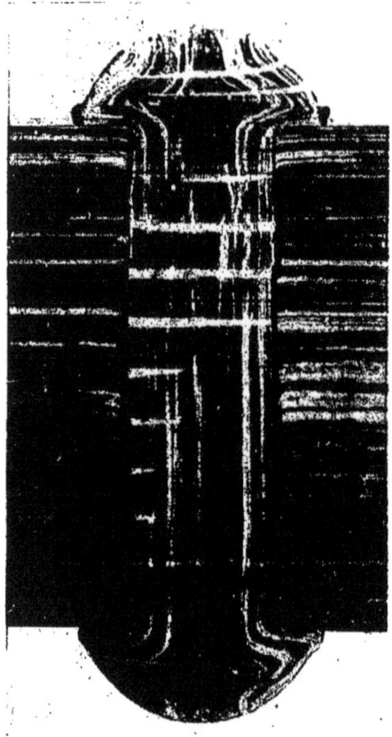

Fig. 90. — Rivet posé avec une riveuse à vapeur
(type fig. 18).

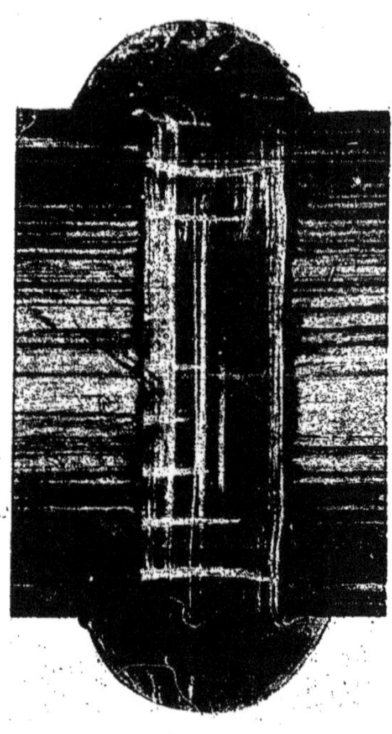

Fig. 91. — Rivet posé avec une riveuse de Bergue
(type fig. 20).

simplement continuer l'écrasement de la rivure, sans permettre au fût de s'écraser pour se renfler.

C'est probablement cette hypothèse qui a engagé à fraiser l'entrée des trous du côté de la rivure, pour faciliter la descente du métal par une ouverture plus évasée. Pour le contrôler, j'ai effectué à la machine deux autres rivures, après avoir fortement fraisé les trous. Les fig. 100 et 101 montrent que l'hypo-

thèse n'est pas fondée; car, malgré la fraisure, le métal du fût ne s'est pas
refoulé sensiblement davantage.

Il était donc nécessaire de chercher comment peut se gonfler le fût du rivet,
et dans quelles limites, afin de savoir jusqu'à quel degré on peut espérer remplir les trous de rivets.

À cet effet dans un bloc d'acier de 100 millimètres d'épaisseur, j'ai percé

Fig. 92-93. — Rivets posés avec une riveuse à air comprimé de Allen (type fig. 22).

d'outre en outre un trou de 30 millimètres de diamètre, puis j'ai préparé des petites
bagues en forme de collerette de 2 millimètres d'épaisseur et de 1 centimètre de
hauteur; placée à l'entrée du trou, une de ces collerettes en réduisait le diamètre à 26 millimètres, dimension correspondant au rivet de 25 millimètres.

Cette disposition permet au fût de se renfler librement dans tous les sens
puisqu'elle laisse vide entre le fût du rivet et la paroi du trou une chambre

circulaire de toute la hauteur du trou, moins la petite hauteur de la collerette ;
pendant l'écrasement, le fût ne se refroidit que par rayonnement et non par
conductibilité, ce qui fait espérer un meilleur refoulement que dans l'écrasement habituel ; enfin, cette disposition permet, après l'écrasement de la

Fig. 91-95. — Rivets posés avec une riveuse hydraulique fixe de Tweddell (type fig. 25).

rivure, d'enlever facilement le rivet pour en constater le gonflement dans ses
diverses parties.

Les figures 102, 103 et 104 montrent les photographies d'un rivet ainsi
posé à trois périodes différentes de l'essai : au commencement de l'opération
après un léger renflement de la rivure, puis quand celle-ci est à moitié écrasée,
enfin quand la rivure est terminée. Ces trois rivets ont été coupés suivant leur
axe et attaqués à l'acide.

On constate que, dès le début de l'écrasement, le rivet flambe, c'est-à-dire se cintre et vient s'appuyer latéralement sur la paroi du trou; de ce contact résulte un frottement, voire même une butée suffisante pour opposer une résistance au refoulement du fût dans la partie située au delà du point de contact.

J'ai encore constaté cette résistance en mettant à l'intérieur du trou, dans la

Fig. 96-97. — Rivets posés avec une riveuse hydraulique articulée de Tweddell (type fig. 28 .

chambre vide, successivement une, deux, puis trois bagues placées à frottement doux et pouvant glisser en suivant l'écrasement du fût.

Les figures 105, 106, 107 montrent les résultats de ces essais : le renflement se localise surtout dans la partie supérieure du vide, près de la rivure.

Il est clair que, si ces bagues avaient été placées d'une façon immuable, le renflement aurait été encore beaucoup moindre; car le métal du fût, déjà refoulé, aurait dû s'étirer comme à la filière pour passer dans la partie étranglée avant de venir se refouler à nouveau au-dessous de l'étranglement. C'est ce qui arrive dans le rivetage ordinaire, lorsque les trous des pièces superposées ne coïncident pas très exactement, et c'est ce qui explique que, dans les essais de

Fig. 98-99. — Rivets posés avec une riveuse électrique Piat.

rivetage précédents sur les divers types de riveuses (fig. 90 à 99), le renflement du fût ne s'est effectué que près de la rivure.

Mais comme les anfractuosités successives existant dans la hauteur des trous de ces échantillons étaient forcément irrégulières, j'ai cru devoir faire un essai en systématisant ces anfractuosités, c'est-à-dire en alternant régulièrement les vides autour du rivet à écraser; j'ai pris deux tubes de 1 millimètre d'épaisseur chacun, le plus petit ayant 26-28 millimètres de diamètre intérieur et extérieur et le plus grand 28-30 millimètres, ce qui permettait de les emboîter

l'un dans l'autre et de les placer ensuite dans le bloc d'acier démontable et percé
d'un trou de 30 millimètres de diamètre. Dans le plus petit de ces tubes je pra-
tiquai à la scie des échancrures d'un centimètre de hauteur, de façon à pré-

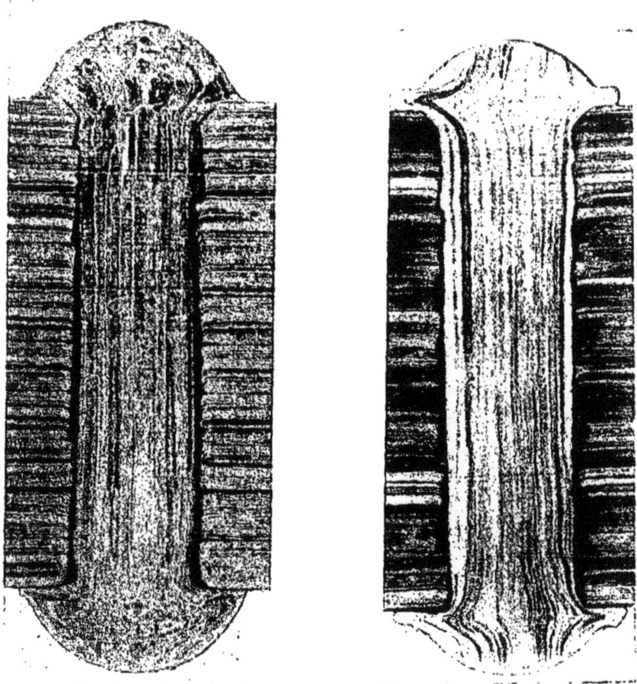

Fig. 100-101. — Rivets posés à la machine, les trous ayant été fortement fraisés du côté de la rivure.

senter des fenêtres alternées sur toute la hauteur du trou, et évidées sur la
moitié de la circonférence.

La figure 108 montre la coupe d'un rivet écrasé dans ces conditions : le remplissage est aussi imparfait que dans les essais précédents, et la conclusion qui
se dégage de ces expériences, c'est que le remplissage parfait du trou avec le
rivet habituel est impossible lorsque des aniractuosités notables existent à
quelque distance des bords du trou ; c'est ce qui explique le non-remplissage

des trous dans les essais de rivetage avec les divers types de riveuses (fig. 90 à 101).

Il reste à voir s'il est possible d'obtenir un remplissage parfait lorsque le trou est complètement alésé et bien lisse.

Pour essayer un rivetage dans ces nouvelles conditions, j'ai remplacé les deux tubes emboîtés l'un dans l'autre, par un tube tiré au banc et parfaitement

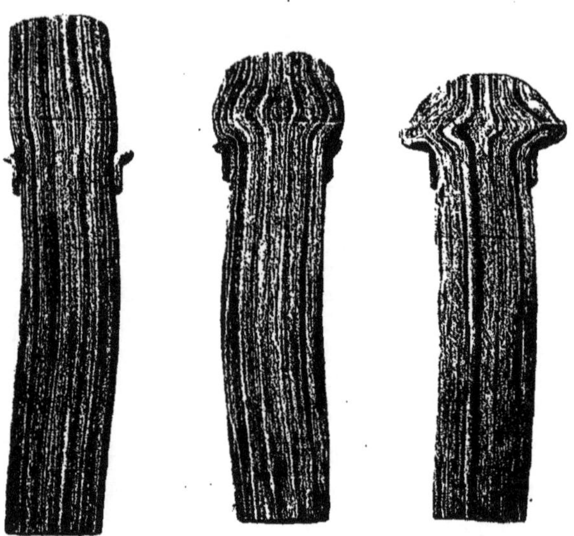

Fig. 102-104. — *Étapes successives de rivets posés dans un trou chambré pour permettre le refoulement du métal.*

droit et lisse, ayant 26-30 millimètres de diamètre intérieur et extérieur ; puis j'ai préparé un rivet en fer de 25 millimètres de diamètre, mais en réduisant sa section de un tiers sur une longueur de 30 millimètres environ, dans la partie correspondant au milieu du trou. Cette section médiane, ayant ainsi une résistance plus faible à l'écrasement que le reste du fût, devait, dans ma pensée, se renfler considérablement.

Or il n'en a rien été ; le rivet, chauffé très également dans toute sa longueur et écrasé mécaniquement sous une pression de 70 tonnes, n'a été renflé que d'un demi-millimètre du côté de la tête, d'un millimètre et demi dans la partie décolletée et, seule, la partie du fût près de la rivure s'est renflée suffisamment pour emplir le trou, sur une longueur de 35 millimètres (fig. 109).

On peut donc dire que, lorsque le trou est bien lisse, le remplissage ne peut
être effectué que sur une longueur de 35 millimètres du côté de la rivure.

Comment s'effectue le renflement transversal du fût?

En employant des rivets en fer mise et en pratiquant l'attaque à l'acide, on
distingue bien la déformation des mises et on en déduit les phénomènes de

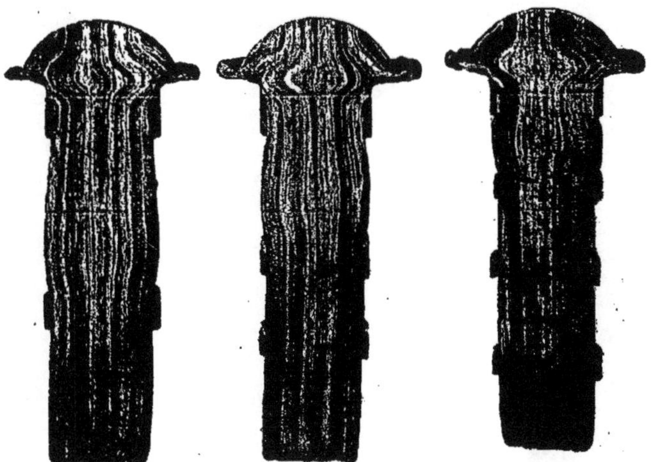

Fig. 105-107. — Rivets posés dans un trou chambré et muni de bagues mobiles.

déformation générale dans le sens transversal du fût, mais on n'est pas renseigné sur les phénomènes de déformation dans le sens longitudinal.

J'avais antérieurement essayé de combler cette lacune en plaçant, tout le
long du fût, une série de petites broches en acier enfoncées dans des trous
régulièrement espacés et percés dans un même plan suivant le diamètre du fût,
espérant qu'après la coupe par le milieu du rivet posé, on serait suffisamment
renseigné par la déformation de ces petites broches. Les figures 90 et 91
montrent le résultat de ces premiers essais.

Malheureusement le refoulement du fût, à l'écrasement, se fait irrégulièrement; les broches ne restent pas dans le même plan et, après la coupe, elles ne
se retrouvent pas également sur la même surface; néanmoins les vestiges de
ces broches me permirent de conclure que le refoulement du métal se faisait

plus spécialement par le centre du fût ; la périphérie, se trouvant rapidement refroidie au contact de la paroi froide du trou, oppose une plus grande résistance à l'écrasement.

Pour mieux présenter ces phénomènes de déformation longitudinale j'ai pris

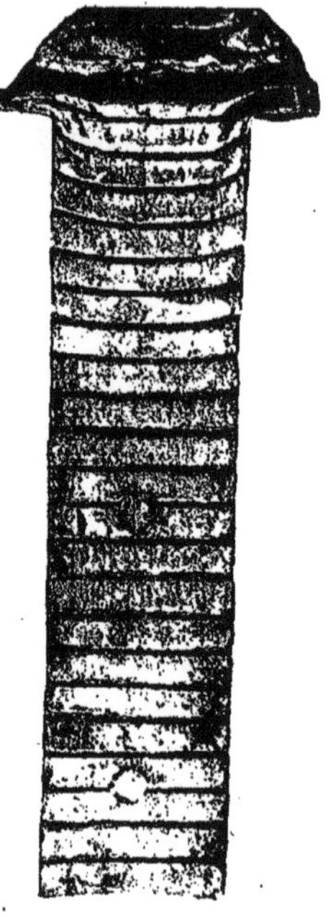

Fig. 108. — Rivet posé dans un tube régulièrement fenestré.

Fig. 109. — Rivet décolleté dans la partie médiane du fût et non renflé dans cette partie, par l'écrasement.

Fig. 110. — Déformation longitudinale du fût après l'écrasement du rivet.

un rivet coupé par le milieu suivant un plan diamétral et, à la scie, j'ai pratiqué, sur les surfaces internes en contact après rapprochement, des traits parallèles, régulièrement espacés de 5 millimètres ; les deux parties du rivet étaient ensuite réunies par deux goupilles pour les maintenir solidaires pendant le chauffage et le rivetage.

La figure 110 montre une de ces deux parties après dérivetage : on constate, du côté de la rivure, que c'est bien le centre du rivet qui a fourni le métal au renflement transversal du fût, puisque les lignes primitivement droites et parallèles se sont incurvées vers le bas. On remarque aussi que la périphérie du rivet s'est d'autant moins affaissée qu'elle était plus refroidie par le contact local du fût chaud avec la paroi froide du trou ; aussi, dans la figure 110, c'est le côté droit, près de la rivure, qui a été le plus refroidi avant l'écrasement ; l'inclinaison des lignes est de plus grande pente que du côté gauche.

Il y a donc intérêt, au point de vue du remplissage, à river vite, c'est-à-dire à opérer le plus rapidement possible l'écrasement du rivet, aussitôt que celui-ci a été placé dans son logement.

Or, s'il en est généralement ainsi à l'atelier dans la construction des pièces de ponts, il n'en est pas toujours de même dans les montages à pied d'œuvre.

Ainsi, lors de la construction de viaducs métalliques importants, j'ai eu l'occasion de relever très exactement au chronomètre le temps écoulé entre l'introduction du rivet chaud et le commencement de l'écrasement et j'ai constaté, sur plusieurs centaines d'observations précises, une moyenne de temps écoulé de vingt-cinq secondes et quelquefois jusqu'à quarante-cinq secondes.

Après une durée de vingt-cinq secondes de contact avec des masses froides de métal, la température du rivet a tellement baissé par conductibilité que le refoulement du fût est faible ; aussi, au dérivetage, les rivets posés dans ces conditions se chassent facilement au poinçon, la tête ayant été coupée à la tranche à froid, ce qui prouve que le refoulement en était insuffisant. Quand la durée d'attente est encore plus grande, le refoulement devient nul.

A QUELLE PÉRIODE DU RIVETAGE ET COMMENT S'EFFECTUE LE RENFLEMENT DU FÛT

Nous avons vu précédemment que, pendant l'écrasement de la rivure sous la pression de la bouterolle, le frottement du fût contre la paroi du trou était un obstacle suffisant pour empêcher le métal de se refouler du côté de la tête ; et, comme il se fait un gonflement appréciable du côté de la rivure, il est intéressant de connaître à quelle période du rivetage et comment s'effectue ce gonflement du fût.

Les expériences précédentes ont montré que ce n'est ni au commencement, ni pendant le cours de l'écrasement ; c'est donc à la fin de la rivure que le phénomène du gonflement du fût a lieu, et voici comment :

Quand la bouterolle ne se trouve plus qu'à une distance de deux ou trois millimètres de la face supérieure de la pièce à river, si la quantité de métal a été calculée, telle que la partie émergeant du fût ait un volume un peu plus grand qu'il n'est strictement nécessaire pour former le segment sphérique de la rivure, l'excédent de métal, sous la pression de le bouterolle, s'étale latéralement et forme, en *d* et *h*, ce qu'on appelle la bavure (fig. 111).

La bouterolle avançant encore sous une pression rapidement croissante, la rivure continue à s'écraser, et c'est pendant cette période d'écrasement que s'effectue le remplissage possible du trou, de la façon suivante :

La partie sphérique *abc* de la rivure, en contact avec la partie creuse de la bouterolle, ne peut plus se déformer; c'est la couronne cylindrique *defg* qui s'écrase sous une pression très élevée.

La partie de la couronne *de-gh* extérieure à la partie centrale et cylindrique *f* correspondant au fût du rivet, se trouve comprimée entre la bouterolle

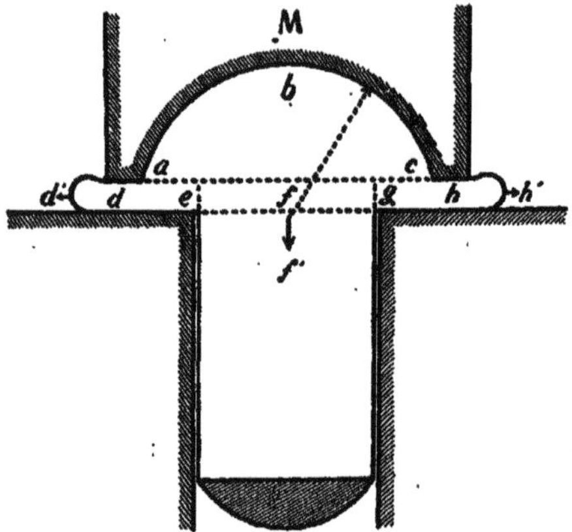

Fig. 111. — Schéma de l'écrasement final de la rivure, montrant comment s'effectue le remplissage possible du trou par le gonflement du fût.

et la face froide et résistante de la pièce à river; elle s'écoule latéralement en augmentant le diamètre de la bavure aux dépens de son épaisseur qui, elle, diminue au fur et à mesure de l'écrasement; le métal file alors sur toute la périphérie de la rivure dans la direction radiale des flèches *d'* et *h'*, et cet écrasement se continue ainsi tant que le métal est assez ductile pour n'opposer qu'une résistance totale inférieure à la pression disponible sur la bouterolle.

La partie centrale de la couronne, constituée par le petit cylindre *f*, du diamètre du fût et d'une épaisseur égale à celle de la bavure en *d* et en *h*, se trouve comprimée, et le métal s'écoule alors par le chemin qui lui offre le moins de résistance, soit latéralement en suivant la couronne *ed-gh* (par conséquent en augmentant le volume de la bavure), soit axialement suivant la flèche *f'*, c'est-à-dire en renflant le fût du rivet.

Ce renflement du fût continue ainsi jusqu'au moment où la résistance à cet écrasement et, par suite, au refoulement du fût, devient plus grande que la résistance à l'écoulement latéral par la bavure.

Cette résistance à l'écrasement du fût est d'autant plus grande que le métal est moins chaud au collet, c'est-à-dire dans la partie du fût correspondant au bord du trou, et aussi d'autant plus grande que les anfractuosités de cette partie du trou sont plus importantes.

Il y a donc intérêt, pour obtenir le meilleur remplissage possible, à écraser rapidement la rivure dès l'introduction du rivet dans son trou, pour avoir le moins de perte possible de chaleur par conductibilité au contact de la paroi froide du trou du métal à river, et à river dans des trous aussi lisses que possible, pour réduire la résistance latérale par les anfractuosités à l'écrasement longitudinal du fût.

Il est à remarquer que, plus la pression disponible sur la bouterolle sera forte, plus l'écrasement sera accentué, plus il pénétrera de métal dans l'intérieur du trou.

Or, à pression égale sur la bouterolle et à chaleur égale, la bavure s'écrasera d'autant plus que, sous le bord circulaire *d h*, sa surface sera réduite; il y a donc intérêt à réduire cette épaisseur du bord de la bouterolle, c'est-à-dire à donner à l'extrémité inférieure de la bouterolle un diamètre extérieur aussi petit que possible.

Ainsi, pour un rivet de 25 millimètres de diamètre, le diamètre extérieur de la rivure doit avoir 41^{mm},5 d'après les cahiers des charges pour la construction des ponts; et la bouterolle correspondant à cette rivure doit être prise dans un cylindre d'acier d'environ 65 millimètres de diamètre.

Si l'outilleur dresse suivant un plan la face extrême de la bouterolle en service, la pression de la riveuse sera répartie sur une surface de plus de 3 300 millimètres carrés.

Si, au lieu d'être plane, cette extrémité de la bouterolle a la forme indiquée fig. 112, forme qui ne laisse pour l'écrasement de la bavure qu'une couronne de 1^{mm},2 environ de largeur, la pression de la riveuse sera répartie sur une surface d'environ 1 500 millimètres carrés, moins de la *moitié* de la surface précédente; et la pression totale produite par la riveuse restant la même dans les deux cas, *on produira, par l'emploi de la bouterolle à bord réduit, une pression par unité de surface plus de deux fois plus élevée.*

La bavure, en filant sous la pression du bord de la bouterolle, s'écarte (fig. 113) et ne touche pas la surface extérieure de ce bord; il n'y a donc pas de frottement autre que celui du filage.

Pour confectionner ces bouterolles à bord réduit, l'acier doit être de meilleure qualité que pour les bouterolles à large bord et leur entretien exige aussi plus de soin ; c'est pourquoi, souvent, les constructeurs, par raison d'économie, et les ouvriers, par indifférence, négligent de donner cette forme réduite au détriment de la qualité du rivetage.

En étudiant les effets du filage de la bavure sous la pression d'une bouterolle à bord réduit, j'ai constaté un phénomène intéressant qui m'était inconnu, et dont je n'ai vu nulle part la description : sous la pression *constante* de la riveuse, le métal chaud de la rivure continue à s'écraser malgré son refroidisse-

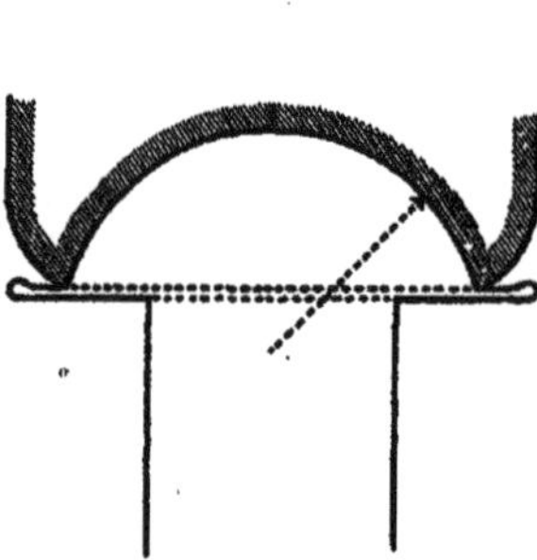

Fig. 112. — Bouterolle à bord réduit.

Fig. 113. — Filage de la bavure
sous une bouterolle à bord réduit.

ment et par conséquent son augmentation de résistance à l'écrasement, et cela pendant un temps relativement long, par exemple pendant 60 secondes.

Cet écrasement consécutif est, d'après mes expériences, variable avec la température que possède la rivure immédiatement après son achèvement ; on peut compter environ un demi-millimètre.

J'attribuai d'abord cet écrasement supplémentaire à un serrage énergique des pièces à river, produit par la contraction due au refroidissement du fût du rivet.

Pour vérifier si c'était bien le retrait qui était la cause de cet affaissement constaté par le diagramme enregistré, il me suffisait de faire une tête de rivet au lieu d'une rivure ; le fût du rivet, n'étant pas maintenu fixe à l'autre extrémité, pouvait alors se contracter librement sans occasionner le moindre serrage.

Dans tous les essais ainsi effectués sur des fers et des aciers écrasés à chaud sous la bouterolle maintenue à pression constante, ce phénomène d'écoulement du métal par filage sous l'écrasement a été très nettement constaté et enregistré ; il diminue assez rapidement d'intensité par suite du refroidissement du rivet; il croît avec le temps : très sensible pendant les premières secondes, il est faible après 30 secondes et devient presque nul après 60 secondes.

J'ai constaté le même phénomène d'écoulement consécutif, c'est-à-dire d'écoulement lent sous pression constante, avec le plomb froid; mais il n'existe pas dans l'écrasement à froid du cuivre, des fers, des aciers.

En maintenant la pression maximum de la riveuse pendant au moins 30 secondes, on obtient donc, dans le rivetage à chaud, un écrasement supplémentaire d'environ un demi-millimètre d'épaisseur, par conséquent un supplément possible de refoulement du métal du fût.

Néanmoins, comme nous l'avons vu précédemment, notamment en écrasant un rivet à section médiane très réduite (fig. 109), le refoulement ne peut s'effectuer sur une longueur de plus de 35 à 40 millimètres au maximum, et seulement du côté de la rivure.

Quand l'épaisseur totale des tôles à river dépasse sensiblement ces 40 millimètres, le refoulement du rivet ne s'effectue pas dans le reste du fût du côté de la tête du rivet.

Pour parer à cet inconvénient, j'ai imaginé le rivet à *collet nourricier.*

RIVET A COLLET NOURRICIER

J'appelle rivet à collet nourricier, un rivet de forme spéciale qui porte sous la tête, venu de forge avec elle, un collet destiné par son écrasement pendant le rivetage, à fournir le métal nécessaire au remplissage du trou du côté de la tête, comme le métal nécessaire au remplissage du trou du côté de la rivure est fourni par la bavure de la rivure, ainsi que nous l'avons vu.

La figure 114 montre ce rivet sous sa forme générale: un collet cylindrique, d'un diamètre plus grand que celui du fût et d'une certaine hauteur, vient porter sur la surface de la pièce à river.

Ce rivet doit être également chauffé d'une extrémité à l'autre.

La hauteur du collet varie avec l'importance des vides à remplir; ainsi, pour un rivet de 25 millimètres de diamètre destiné à serrer une épaisseur totale de 100 millimètres, la hauteur de ce collet doit être de 8 millimètres à 10 millimètres et le diamètre doit en être d'environ 30 millimètres.

Ce collet, habituellement cylindrique, peut avoir une forme conique(fig. 115).

Quand le bord du trou est fraisé du côté de la tête du rivet, celui-ci a habituellement le dessous de la tête d'une forme correspondant à celle de la fraisure (fig. 116, 117); le rivet à collet nourricier prend alors la forme des figures 118, 119 : le collet nourricier est ajouté au congé primitif.

Pour faciliter la fabrication, on peut, dans le cas des trous fraisés, donner au rivet à collet nourricier la forme tronconique figure 120.

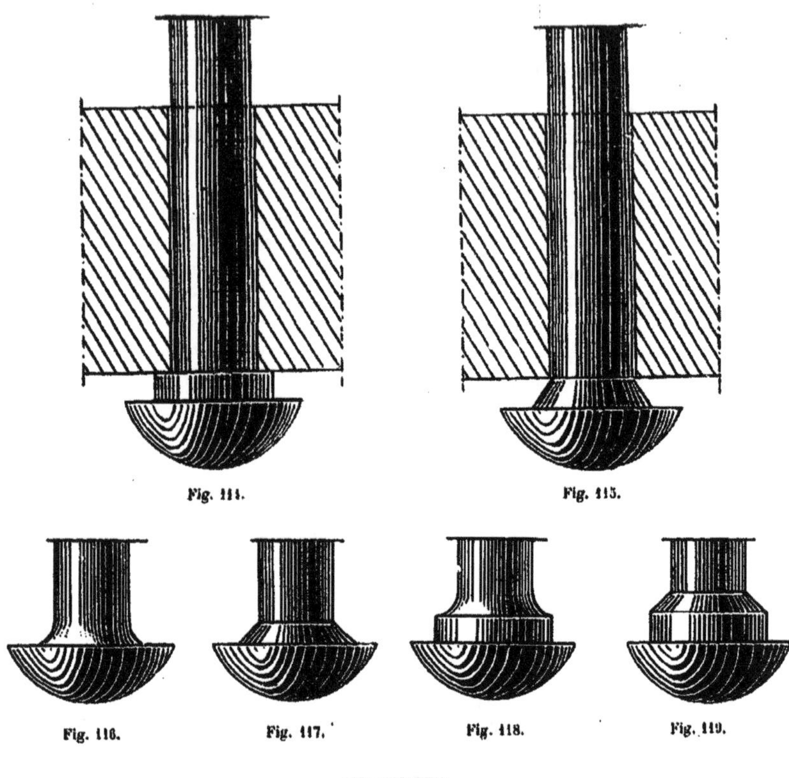

Fig. 114.

Fig. 115.

Fig. 116.

Fig. 117.

Fig. 118.

Fig. 119.

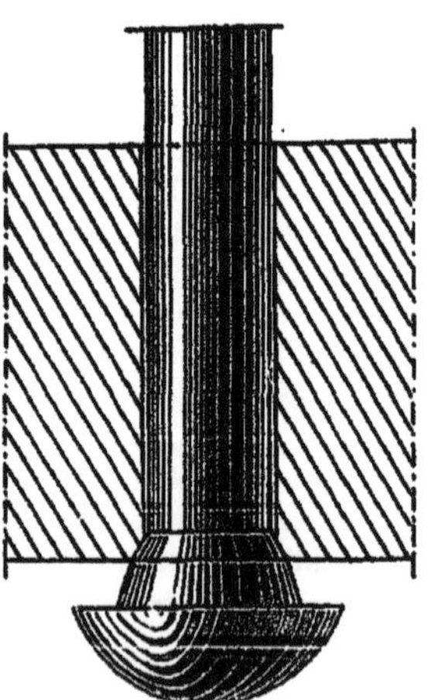

Fig. 120.

Fig. 114 à 120. — Rivet à collet nourricier.

Dans le rivetage à la machine, il n'y a pas d'inconvénient à donner au collet un peu plus de métal qu'il n'est nécessaire pour effectuer le remplissage du trou: l'excès de métal s'écoule en bavure autour de la tête.

Dans le rivetage au marteau à main, l'effort disponible étant beaucoup plus faible qu'à la machine, on donne au collet la forme conique et un moindre

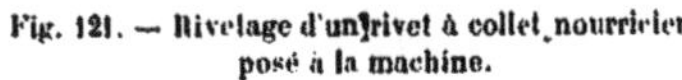

Fig. 121. — Rivetage d'un rivet à collet nourricier
posé à la machine.

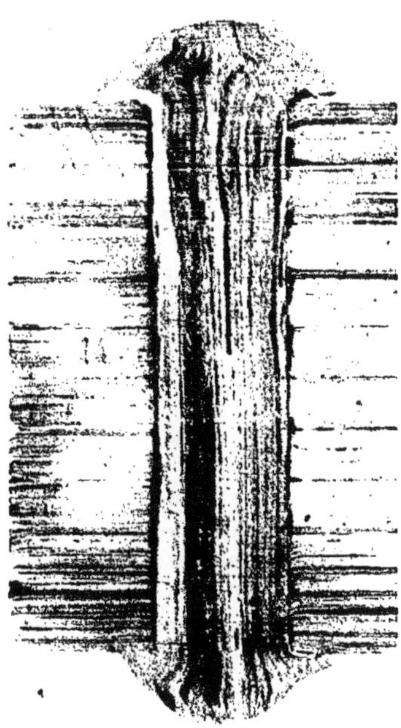

Fig. 122. — Rivetage d'un rivet à collet nourricier
posé au marteau à main.

volume, le remplissage possible du trou étant beaucoup plus réduit que celui produit par la machine.

A l'écrasement, le rivet à collet nourricier commence par flamber et se cintrer dans le trou, comme il a été expliqué pour le rivet ordinaire; le fût vient alors s'appuyer contre la paroi du trou, l'écrasement de la rivure s'effectue comme d'habitude, mais il y a une différence pour la partie du fût du côté de la tête : la pression va croissant pendant la durée de l'opération; lorsqu'elle atteint la résistance à l'écrasement du collet nourricier, celui-ci s'écrase comme la bavure de la rivure et s'écoule sous la compression, par la voie qui lui offre le moins de résistance; le fût de ce système de rivet est alors refoulé par ses deux extrémités, et le remplissage du trou est alors maximum ainsi que les expériences l'ont montré.

La figure 121 montre un rivetage effectué à la machine avec un rivet à collet nourricier posé dans un trou légèrement rectifié à l'alésoir, mais loin d'être lisse comme l'exigent les cahiers des charges; le remplissage est complet. La figure 122 montre un rivetage effectué au marteau à main, avec un rivet à petit collet nourricier; le remplissage est moins complet, mais il est à remarquer que le fût du rivet est partout en contact avec les bords des trous des tôles superposées; la résistance au glissement de ces tôles serait beaucoup plus élevée que lorsqu'il reste des vides entre le rivet et la paroi des trous, comme on le constate dans de semblables rivetages avec rivets ordinaires.

On voit que la formation définitive de la tête du rivet à collet nourricier (fig. 121) est différente de la formation des têtes des rivets ordinaires.

Avec le rivet à collet nourricier, la pointe qui émerge de la pièce à river et qui va former la rivure est moins longue que celle du rivet ordinaire; aussi la rivure a moins de chance de se coucher pendant l'opération du rivetage.

DU CONTACT PARFAIT DU RIVET POSÉ A CHAUD, AVEC LA PAROI DU TROU

Il est généralement admis qu'un rivet, étant posé à chaud, ne peut, après refroidissement, se trouver en contact parfait avec la paroi du trou, par suite du retrait du métal.

« M. Considère (1) dit que le contact ne peut jamais être réel, même pour les rivets écrasés à la machine, qui paraissent remplir parfaitement les trous, car en se refroidissant, les rivets de dimensions ordinaires diminuent, en diamètre, d'environ un dixième de millimètre, et c'est plus qu'il n'en faut pour qu'ils ne puissent pas s'appuyer réellement contre les parois des trous et leur transmettre directement une partie quelconque de l'effort. »

M. Dupuis (2) dit aussi : « Les rivets ne remplissent pas exactement les trous. Théoriquement, il doit rester un vide entre le corps du rivet et la paroi du trou. Lorsque cesse l'opération du rivetage, le rivet est encore à une température très élevée, et quand même il remplirait exactement le trou à ce moment, le refroidissement et l'étirage feraient naître un vide entre le corps du rivet et la paroi du trou. »

On constate cependant dans des coupes pratiquées par l'axe des rivetages

---

(1) Considère, Mémoire sur l'emploi du fer et de l'acier dans les constructions. *Annales des ponts et chaussées*, janvier 1886.

(2) Dupuis, *Annales des ponts et chaussées*, 1895.

bien effectués, que certaines parties, plus spécialement près de la tête et surtout près de la rivure, paraissent en contact parfait avec la paroi du trou, et qu'il est impossible de faire pénétrer la pointe d'acier la plus aiguë entre le rivet et le bord du trou.

Il est donc intéressant de savoir si, dans quelques cas particuliers, ce contact parfait peut exister contrairement à la théorie.

Pour élucider la question, j'ai effectué les essais suivants :

Dans une plaque d'acier dur de 100 millimètres de largeur et de 26 millimètres d'épaisseur, j'ai percé un trou de 25^{mm},80 de diamètre pour en faire une clouière dans laquelle j'ai refoulé à la bouterolle, sous la presse hydraulique et à une pression de 90 tonnes, des têtes de rivets en acier doux.

La première tige cylindrique destinée à produire le rivet a été chauffée au blanc à peine ressuant, et la pression de 90 tonnes n'a été maintenue qu'une fraction de seconde après l'achèvement de la tête; c'est-à-dire que l'écrasement a été fait le plus rapidement possible et que la pression a été retirée immédiatement.

Après refroidissement complet, en retournant la clouière, le rivet est tombé par son propre poids. Le diamètre au collet du rivet était de 25^{mm},60, soit 0^{mm},20 de moins que le diamètre intérieur de la clouière.

La seconde tige a été chauffée à peu près à la même température; mais la pression a été maintenue pendant 60 secondes. Après refroidissement, le rivet a cédé sous un faible effort de la main; le diamètre au collet était cette fois de 25^{mm},72, soit 0^{mm},12 de plus que le précédent, mais encore plus faible de 0^{mm},08 que le diamètre du trou.

La troisième tige a été chauffée à une température moins élevée que les précédentes, environ 800°, température encore suffisante pour permettre l'écrasement complet de la tête sous la pression de 90 tonnes maintenue 60 secondes. Dans la pratique industrielle, beaucoup de rivets sont d'ailleurs posés à des températures analogues et mêmes inférieures.

Après refroidissement il a fallu frapper, légèrement il est vrai, sur l'extrémité du fût, pour chasser le rivet de la clouière; le diamètre au collet mesurait 25^{mm},78, soit 0^{mm},02 de moins que le diamètre de la clouière. Avant d'effectuer la quatrième expérience, j'ai réduit la largeur de la clouière de 100 millimètres à 58 millimètres, pour lui permettre de céder latéralement sous un effort moindre produit par le gonflement du fût.

La quatrième tige a alors été chauffée et écrasée dans les mêmes conditions que la précédente, c'est-à-dire avec une température de chauffage d'environ 800° et une pression de 90 tonnes maintenue pendant 60 secondes. Après refroidissement, j'ai constaté que le rivet tenait assez bien et que le trou de la clouière s'était agrandi coniquement en renflant les bords de la clouière ; il y avait donc eu déformation permanente de la plaque d'acier dur et, par conséquent, il restait après rivetage une déformation élastique maximum, qui opérait un rapprochement élastique de la paroi du trou.

Pour remettre le rivet dans sa place primitive, il me fallut une pression d'environ 4 500 kilos pour vaincre, je le pense, cette déformation élastique.

En résumé, ces quatre expériences montrent qu'en maintenant la pression de la boute olle sur le rivet pendant son refroidissement, celui-ci continue à s'écraser, comme l'indique d'ailleurs le diagramme de l'opération, ce qui produit un renflement compensant en partie la diminution du diamètre par le retrait du métal ; et qu'en chauffant modérément le rivet pour ne laisser qu'un retrait minimum, on pourrait obtenir, après refroidissement, au moins dans certaines parties, un contact parfait, surtout si la pièce n'avait pas une largeur trop grande pour que la déformation élastique de la paroi du trou permette au métal de se resserrer au fur et à mesure du retrait du fût du rivet. Le contact du fût avec la paroi du trou peut donc exister d'une manière suffisante pour empêcher le glissement des tôles et pour maintenir le rivet, si la tête de la rivure vient à se casser.

C'est d'ailleurs par ce contact parfait qu'on obtient, dans les chaudières, l'étanchéité durable des rivures sans recourir au matage.

ALÉSAGE DES TROUS, ZONE D'ÉCROUISSAGE PAR POINÇONNAGE

On a dit quelquefois que les trous non alésés tiendraient mieux le rivet en place dans le cas où la tête de la rivure viendrait à se casser et que cette méthode aurait en outre l'avantage d'être plus économique.

Or, comme nous venons de le voir, on peut obtenir, avec quelques soins, un rivet ayant un contact suffisant avec la paroi du trou, même lorsque celle-ci est lisse, pour empêcher que le fût puisse être chassé et, comme nous le verrons plus loin, on ne doit poser que des rivets dont tête et rivure possèdent une résistance vive suffisante pour ne pas se casser.

Cependant, tout en maintenant la condition essentielle d'une bonne fabrication, on pourrait peut-être prendre en considération la question économique et diminuer sensiblement le prix de revient, surtout dans la construction des ponts, en réduisant les frais d'alésage.

Actuellement les cahiers des charges imposent, pour tous les trous poinçonnés, un alésage de 3 millimètres pour les tôles ayant au plus 10 millimètres d'épaisseur et un alésage de 4 millimètres pour les tôles de plus de 10 millimètres. Cette zone d'alésage étant comptée du côté de la débouchure, il en résulte que pour un trou de passage de rivet de 25 millimètres, le trou ayant 26 millimètres, le poinçon devra avoir au maximum 21 millimètres de diamètre ; dans ces conditions, le poinçonnage n'enlève que les deux tiers du métal et l'alésage achève en enlevant le dernier tiers ; le poinçonnage perd ainsi une partie de son avantage économique et c'est pourquoi beaucoup de chaudronniers préfèrent forer directement les trous des rivets des chaudières, le prix de revient n'étant pas beaucoup plus élevé et les tôles ne se trouvant pas déformées par le cintrage que produit le poinçonnage (1).

La plupart des cahiers des charges pour la construction des ponts exigent que cet alésage soit effectué après assemblage des tôles et des profilés au lieu d'être effectué sur les pièces isolées, les pièces étant ensuite démontées pour permettre d'enlever les bavures.

Cet alésage est imposé dans le double but d'enlever, sur toute la périphérie du trou, la zone de métal écroui par le poinçonnage et de rectifier le trou du rivet ; les trous poinçonnés sur chacune des tôles ne se correspondant pas exactement, l'alésage fait disparaître le chevauchement et permet d'obtenir un trou droit et lisse.

Or il arrive très souvent que le chevauchement peut atteindre l'épaisseur de la zone qu'on voulait enlever ; le trou est à peu près rectifié ; mais, dans certaines parties, la paroi du trou est brute de poinçonnage, le but n'est pas atteint, puisque toute la zone écrouie n'est pas éliminée.

En outre, est-il certain que l'alésage, sur une zone de 2 à 3 millimètres d'épaisseur, enlève toute la portion écrouie par le poinçonnage ?

Pour me renseigner à ce sujet, j'ai cisaillé et poinçonné des tôles de fer et d'aciers doux, après avoir poli le métal sur une face latérale ; les déformations du métal apparaissent alors au fur et à mesure de l'opération, d'abord par des lignes de Lüders, parce que la déformation permanente ne s'effectue au début que localement, et ensuite par une nappe à marche continue lorsque l'effort est réparti sur toute la section (2).

La figure 123 montre la zone d'écrouissage produite par le cisaillement et la figure 124 la zone d'écrouissage résultant d'un poinçonnage. On constate que cette zone de déformation permanente laisse un écrouissage d'une largeur presque égale à l'épaisseur de la tôle ; dans des tôles de chaudières ou de ponts, de 8 à 15 millimètres d'épaisseur, la zone d'écrouissage s'étend sur une profondeur de 8 à 15 millimètres, nous sommes donc loin d'avoir enlevé cette zone de métal écroui lorsque nous alésons de 2 à 3 millimètres.

Il est vrai que l'intensité de l'écrouissage va en diminuant au fur à mesure qu'il s'éloigne de la partie tranchée par la lame de cisaille ou par le poinçon ;

(1) Ch. Frémont, *Étude expérimentale du cisaillement et du poinçonnage des métaux. Bulletin de la Société d'Encouragement*, septembre 1897, p. 1217.

(2) Ch. Frémont, *Mesure de la limite élastique des métaux. Bulletin de la Société d'Encouragement*, septembre 1903.

et on suppose que l'alésage, tel qu'il est exigé, est suffisant pour enlever la partie dangereuse, cause de la *fissilité* du métal.

Cette opinion est basée sur des expériences faites il y a plus de trente ans (1).

Cependant, certains constructeurs étrangers fabriquent des chaudières fixes et même des chaudières de locomotives en poinçonnant l'acier au diamètre définitif du trou, par conséquent sans faire disparaitre la moindre partie de la zone écrouie ; et il ne parait pas que ces chaudières se comportent plus mal en service et donnent lieu de ce chef à plus d'avaries que les autres.

J'ai pensé que cette divergence d'opinion tenait à la qualité des aciers auxquels

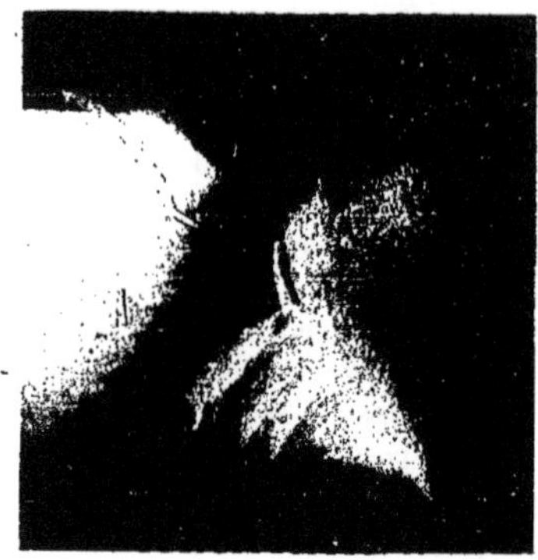

Fig. 123. — Zone d'écrouissage produite par le cisaillement.

on avait eu affaire et que le danger ou l'innocuité du poinçonnage et même du brochage dépendaient en réalité de la fragilité ou de la non-fragilité du métal, qualité dont on ne tenait pas compte à l'époque des essais ci-dessus signalés.

INFLUENCE DE LA FRAGILITÉ DE L'ACIER SUR LES EFFETS DU CISAILLEMENT, DU POINÇONNAGE ET DU BROCHAGE

Pour élucider cette question (2), j'ai pris trois tôles d'acier extra-doux, d'une résistance à la rupture de 40 kilogr. et d'un allongement de 25 à 30 pour 100 sur une longueur utile de 20 centimètres ; deux de ces tôles : A et

(1) M. Scharp, *Institution Naval architects*, avril 1868 ; M. Barba, *Étude sur l'emploi de l'acier*. Paris, 1873.

(2) Ch. Frémont, *Influence de la fragilité de l'acier sur les effets du cisaillement, du poinçonnage et du brochage dans la chaudronnerie*. Communication à l'Académie des sciences, 31 juillet 1903.

B, sont fragiles : à l'essai au choc sur barrettes 10 × 8 entaillées d'un trait de scie, la résistance vive de rupture est, pour A de 2 kilogrammètres et pour B de 6 kilogrammètres. La troisième tôle n'est pas fragile, sa résistance vive est de 25 à 28 kilogrammètres.

Dans ce choix d'échantillons de tôles, j'ai évité toute exagération ; en effet il y a des chaudières en service dont les tôles sont malheureusement plus fragiles que les tôles A et B et il est facile d'obtenir des tôles, en acier doux au

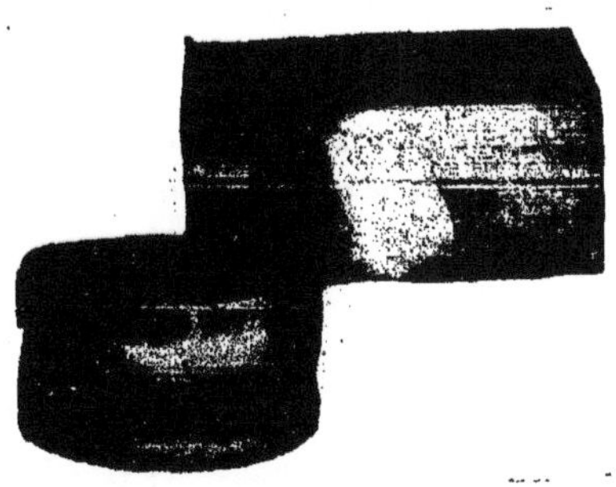

Fig. 124. — Zone d'écrouissage produite par le poinçonnage.

carbone, ayant une résistance vive supérieure à celle de la troisième tôle C.

Dans chacune des tôles fragiles A et B, j'ai percé :

1° Un trou au foret de 30 millimètres de diamètre ;

2° Un trou au poinçon de 25 millimètres de diamètre et j'ai alésé la périphérie sur une zone de 3 millimètres de largeur ;

3° Un trou au poinçon de 25 millimètres de diamètre avec une contre-matrice de 25^{mm},5 ; ce jeu minimum dans la matrice produisant le maximum d'altération du métal (1).

Dans la tôle non fragile C j'ai poinçonné comme ci-dessus deux trous de 25 millimètres de diamètre et, à la broche, j'ai agrandi un de ces trous par refoulement latéral du métal jusqu'au diamètre de 30 millimètres, augmentant ainsi la section du trou de plus de 40 p. 100.

Je n'ai pas cru utile de faire des essais après brochage dans les tôles fragiles, les essais après poinçonnage ayant déjà donné de mauvais résultats ; et je n'ai pas fait d'essais avec trous seulement forés ou alésés dans l'acier non fragile, parce que les essais effectués après brochage de ces trous étaient très satisfaisants, comme on va le voir.

(1) Ch. Frémont, *Étude expérimentale du cisaillement et du poinçonnage des métaux. Bulletin de la Société d'Encouragement*, septembre 1897, p. 1217.

J'ai pris, tangentiellement à ces trous, des éprouvettes de 10×8 que j'ai essayées au choc, les unes entaillées d'un trait de scie, pour constater la fragilité ou la non-fragilité du métal, et les autres non entaillées pour évaluer l'influence de la zone écrouie, à la périphérie du trou.

Dans les deux cas, c'est naturellement la face tangente à l'intérieur du trou qui a été mise en tension dans l'essai de choc.

Les résultats de ces essais au choc sur éprouvettes de 10×8, les unes entaillées, les autres non entaillées, ainsi qu'il vient d'être expliqué, sont donnés en kilogrammètres dans le tableau suivant :

TABLEAU DES RÉSULTATS DES ESSAIS AU CHOC SUR ÉPROUVETTES 10×8

(*Travail en kilogrammètres.*)

	Non entaillées.			Entaillées.		
	A	B	C	A	B	C
Métal initial	20	26	50	2	6	28
— à la périphérie du trou *foré*	18	26		2	8	
Métal à la périphérie du trou *alésé* après poinçonnage	20	22		4	4	
Métal à la périphérie du trou *poinçonné*	6	8	38 45 45	3	3	28 25 27
Métal à la périphérie du trou *poinçonné* et *broché*			24 23 23 24			17,5 19 18 17,5

On constate dans tous les cas le manque de résistance vive dans le métal initialement fragile.

On constate la *non-fragilité, même après poinçonnage et brochage dans la tôle non fragile,* la diminution de la résistance vive trouvée, surtout après brochage, provenant de ce qu'une partie de la résistance vive initiale a été dépensée dans le travail mécanique du poinçonnage et du brochage; mais la résistance vive résiduelle est encore de beaucoup supérieure à celle des tôles fragiles même avec trous forés.

La faute grave n'est donc pas tant de poinçonner et de brocher que d'employer du métal fragile; car le métal fragile, même travaillé suivant les règles les plus rigoureuses de l'art, *est toujours dangereux* et le métal non fragile est toujours sûr, malgré les dérogations aux prescriptions qui peuvent se produire accidentellement et se produisent en réalité presque toujours dans la pratique de la chaudronnerie.

Avec des tôles dont la résistance et surtout la limite élastique sont très différentes suivant la direction direction du laminage ou direction perpendiculaire à celui-ci , la déformation permanente due au brochage se localiserait dans

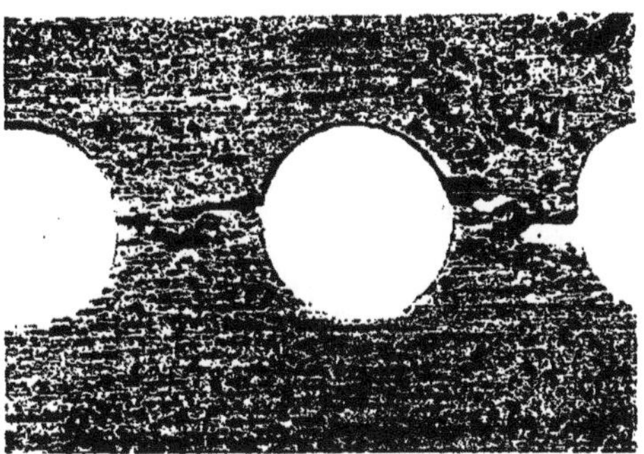

Fig. 125. — Déformation locale et rupture par brochage des trous dans un métal de résistance différente suivant le sens du laminage.

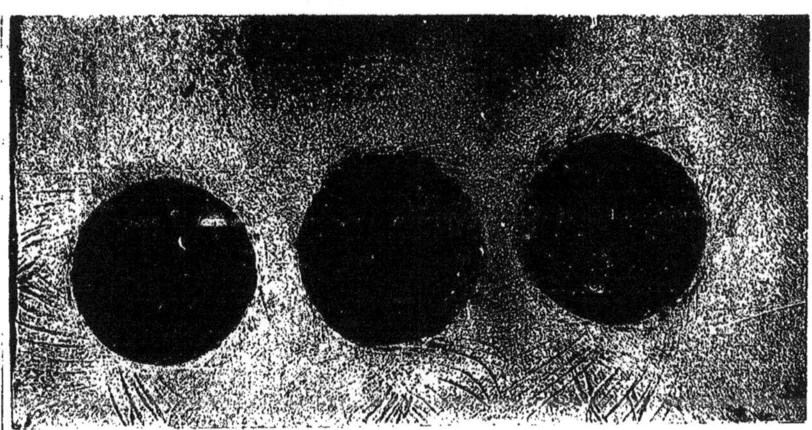

Fig. 126. — Lignes de Lüders montrant la déformation permanente du métal autour de rivets posés à la machine et à des distances croissantes du bord de la tôle.

un sens au lieu de se reporter sur toute la périphérie du trou, et la rupture se ferait très rapidement (fig. 125 .

Ce danger, toutes choses égales, est moins à craindre avec l'acier qu'avec le fer misé.

Il est évident qu'il y a toujours intérêt à conserver au métal la plus grande résistance vive et par conséquent, autant que possible, il faut éviter l'écrouissage; il est donc logique d'exiger l'alésage de trous qui ne se correspondent pas exactement et de proscrire le brochage de ces trous; mais il ne faut pas attribuer à ces déformations permanentes une gravité qu'elles n'ont pas *quand le métal est de bonne qualité.*

Ce qu'il faut absolument, c'est exiger l'emploi du métal non fragile.

Il existe d'ailleurs dans les ponts, chaudières, etc., des déformations permanentes produites par d'autres causes que celles du cisaillement, du poinçonnage et du brochage: ainsi le planage, le rivetage même, produisent des déformations permanentes s'étendant bien plus loin qu'on ne le pense généralement.

La figure 126 montre trois rivets posés à des distances croissantes du bord de la tôle: le rivet le plus rapproché du bord a son trou éloigné de 25 millimètres, le suivant de 30 millimètres et le troisième de 35 millimètres: la pièce, en tôle d'acier extra-doux, ayant été polie préalablement (pour permettre de constater les déformations permanentes du métal par l'apparition des lignes de Lüders après le rivetage mécanique de ces trois rivets, on constate que, bien que le métal ait pu se déformer facilement du côté du bord de la tôle, les déformations s'étendent, du côté opposé, jusqu'à plus de 50 millimètres.

En résumé, l'écrouissage dans l'emploi du métal non fragile ne présentant pas le danger qu'on lui attribue généralement, on pourrait se contenter de rectifier les trous par un alésage beaucoup plus économique, en admettant que la qualité du métal fût sérieusement garantie par une réception bien faite.

PRESSION NÉCESSAIRE POUR ÉCRASER UN RIVET A CHAUD

Depuis près de soixante ans qu'on rive mécaniquement, il ne paraît pas qu'on soit bien fixé sur la pression nécessaire pour écraser un rivet.

Lorsqu'on relève les pressions données pour les différents types de riveuses, on constate que ces pressions ont été toujours en croissant depuis l'origine.

Ainsi la riveuse de Garforth (fig. 175, employée en 1847 au pont de Conway, donnait une pression totale de 32 500 kilogrammes pour des rivets paraissant avoir de 22 à 28 millimètres de diamètre (1), soit environ 50 kilogrammes par millimètre carré de la section initiale du fût du rivet.

Avec la riveuse de Gouin, la pression de 21 000 kilogrammes pour rivets de 25 millimètres correspond à une pression de 40 kilogrammes par millimètre

(1) Edwin Clark, *The Britannia and Conway tubular bridges,* t. II, p. 629.

carré de la section initiale du rivet; mais MM. Gouin constatèrent l'insuffisance
de cette pression et émirent l'avis 'de diminuer le diamètre du cylindre pour
réduire l'encombrement et d'augmenter la pression de la vapeur et la résistance
du bâti (1).

Dans le calcul de la pression donnée sur la bouterolle par les riveuses à
vapeur de Lemaître (fig. 14), de Schneider du Creusot (fig. 16), de Garforth
(fig. 17), les auteurs ont admis que cette pression était celle de la pression statique, c'est-à-dire le produit de la surface du piston par la pression de la vapeur
sur chaque unité de surface.

Cette hypothèse est inexacte, parce que la résistance du rivetage n'attei-
gnant son maximum que vers la fin de la course de l'outil, il y a une grande
quantité de force vive accumulée dans les organes mobiles, à partir du commencement de la course du piston; le rivetage s'effectue en réalité par choc en
utilisant la plus grande partie de cette force vive; et la pression finale produite
est effectivement beaucoup plus élevée que la pression statique de la vapeur
sur le piston.

Actuellement la pression exigée par les principaux cahiers des charges,
pour la construction des ponts, est de 45 tonnes pour le rivet en fer de
25 millimètres de diamètre, soit 90 kilogrammes par millimètre carré de la
section du fût du rivet.

M. Bertin dit que la pression totale doit être d'environ 150 kilogrammes par
millimètre carré de la section du rivet (2); mais sans indiquer si cette pression
est celle qui est nécessaire pour les rivets en fer ou pour les rivets en acier; il
est cependant probable que, dans la pensée de l'auteur, il s'agit de rivets en fer,
car il ajoute : « Les rivets en fer sont préférables à ceux en acier parce qu'ils
peuvent être chauffés à une température plus élevée et qu'ils assurent alors un
meilleur accostage des tôles. »

M. Maugas (3) préconise la pression de 150 kilogrammes et ajoute qu'on
peut fixer 300 kilogrammes par millimètre carré comme un maximum à ne
jamais dépasser.

Il existe donc une grande incertitude sur la pression à exiger, puisqu'on
voit utiliser des pressions de 45 tonnes à 100 tonnes pour le rivet de 25 millimètres de diamètre.

Il est évident qu'il est difficile de préciser cette pression; car non seulement
elle doit varier avec la résistance propre du rivet, fer ou acier de dureté variable,
mais aussi avec la température de pose. Et cette température est d'autant plus
basse que la distance, souvent imposée, est plus grande entre la pièce à river et

(1) Molinos et Pronnier, *Construction des ponts métalliques*, p. 183.
(2) Bertin, *Chaudières marines*, 1902, p. 252.
(3) Maugas, *Traité du rivetage*, 1900, p. 152.

le four à chauffer les rivets, que le temps nécessaire pour introduire le rivet chaud dans son logement et pour approcher la pièce à river mobile de la riveuse fixe (ou la riveuse mobile de la pièce fixe) est plus long et que l'on s'impose un rivetage plus soigné, c'est-à-dire l'obligation de mieux remplir un trou plus ou moins régulier, de mieux former la tête, de mieux écraser la bavure, etc.

En un mot, à la pression nécessaire pour effectuer un rivetage déterminé, dans de bonnes conditions, il y a à ajouter un supplément de pression pour tenir compte des aléas continuels que l'on rencontre dans la pratique industrielle.

Cependant, il y a intérêt à serrer de près ces estimations de pression ; car si, d'un côté, il paraît bon, pour la qualité du rivetage, d'augmenter la pression, il est par contre économique de ne pas exagérer cette pression ; le prix de revient et l'encombrement des riveuses, accumulateurs et accessoires, s'élève avec elle en même temps que le rendement diminue : ainsi un rivet de 25 millimètres de diamètre exige environ 250 à 300 kilogrammètres pour le travail proprement dit du rivetage ; si la course de la bouterolle est, par exemple, de 10 centimètres représentant l'espace libre nécessaire au passage du rivet que l'on vient introduire dans son logement et que la pression totale soit de 75 à 100 tonnes, il y aura une dépense d'énergie de 7500 à 10000 kilogrammètres, soit 25 à 30 fois plus que n'en utilise le rivetage proprement dit.

C'est d'ailleurs dans le but de restreindre cette perte, que, dès le début du rivetage hydraulique, Tweddell avait appliqué l'approche préalable, mais seulement approximative, de la bouterolle fixe, et que, depuis, les constructeurs ont imaginé divers dispositifs, dont un très simple consiste à alimenter la riveuse avec des pompes puissantes à grand débit et munies de lourds volants animés d'une grande vitesse, permettant d'accumuler beaucoup d'énergie.

L'intérêt économique qu'on trouve à ne pas exagérer la pression sur la bouterolle est encore plus important lorsqu'il s'agit des riveuses mobiles, de plus en plus employées pour le rivetage à pied d'œuvre, car si l'on augmente les dimensions de ces machines pour leur permettre de résister à des pressions plus élevées, elles exigent des appareils de levage et des installations plus importants, plus coûteux, plus difficiles à réaliser, surtout à de grandes hauteurs ; et souvent ces dimensions plus grandes des bâtis et des cylindres en restreignent l'application en réduisant le nombre des rivets qu'il est possible de poser avec de telles machines.

En résumé, on voit le grand intérêt qu'il y a à étudier expérimentalement les phénomènes d'écrasement du rivet pour en déduire les conditions à remplir relativement à l'intensité de la pression à exercer, à la durée pendant laquelle elle doit être maintenue, etc.

La pression nécessaire pour effectuer à chaud la rivure varie :

1° Avec la section du fût du rivet ;

2° Avec la résistance initiale ou dureté du métal du rivet ;

3° Avec la température initiale au commencement de la compression ;

4° Avec la durée de l'écrasement ;

5° Avec l'importance de l'écrasement de la bavure.

1° Il est admis que, toutes choses égales, la pression nécessaire pour écraser une rivure est proportionnelle à la grosseur du rivet, c'est-à-dire à la section du fût du rivet.

Les plus gros rivets employés dans la construction des ponts et des chaudières ordinaires ayant généralement un diamètre de 25 millimètres, c'est avec des rivets de cette grosseur que j'ai effectué mes expériences.

Pour des dimensions différentes — rivets plus petits ou plus gros — il suffit de multiplier la section du fût du rivet considéré par l'effort élémentaire, c'est-à-dire par la pression déterminée par millimètre carré.

2° INFLUENCE DE LA DURETÉ DU MÉTAL DANS L'ÉCRASEMENT DE LA RIVURE

Pour étudier l'influence de la dureté du métal sur la résistance opposée à l'écrasement par la bouterolle, j'ai commencé par établir la résistance à la compression de crushers cylindriques de 25 millimètres de diamètre et de 50 millimètres de hauteur que j'ai comprimés entre deux plateaux parallèles sous la presse hydraulique (fig. 66).

Ces premiers essais de compression de crushers ont été effectués à froid :

a) Sur du cuivre ayant une résistance à la rupture de 25 kilogrammes environ par millimètre carré ;

b) Sur du fer de Suède à grain fin, d'une limite élastique de 13 kilogrammes et d'une résistance à la rupture de 30 kilogrammes ;

c) Sur du fer à nerf ayant une limite élastique de 20 kilogrammes et une résistance à la rupture de 35 kilogrammes ;

d) Sur de l'acier doux de la qualité généralement employée pour la confection des rivets en acier ; la limite élastique est de 20 kilogrammes et la résistance à la rupture de 35 kilogrammes.

e) Sur de l'acier plus dur que le précédent, et ayant une limite élastique de 25 kilogrammes et une résistance à la rupture de 50 kilogrammes.

J'ai ensuite complété cette série d'écrasements à froid, par l'écrasement à chaud de deux crushers pris dans l'acier doux à rivets de 35 kilogrammes de résistance et chauffés l'un au blanc ressuant, température maximum admissible en pratique et l'autre à la température cerise correspondant à la température observée pour la trempe des outils, température minimum acceptable en pratique.

La figure 127 montre les diagrammes de ces essais de compression effectués sur les 7 crushers.

En dehors de la période d'élasticité du métal on constate que les courbes ont une allure générale assez semblable.

En mesurant les efforts correspondant à diverses périodes de l'écrasement, on trouve :

Qu'il faut un effort environ 2,5 fois plus élevé pour écraser le métal chauffé

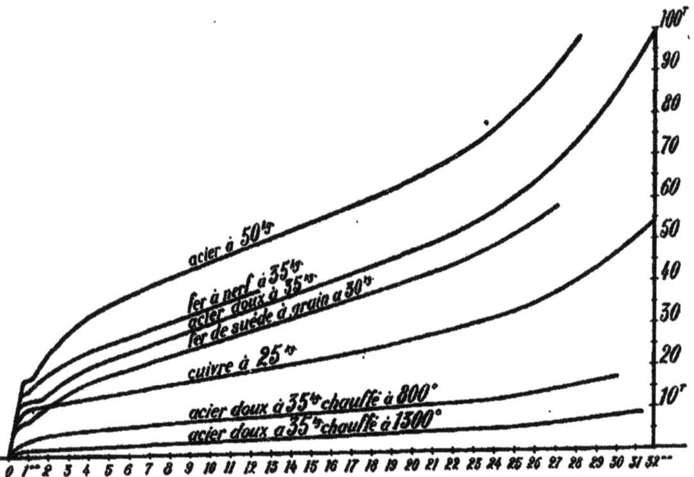

Fig. 127. — Diagrammes d'écrasement de divers crushers.

couleur cerise, que lorsque le même métal est chauffé blanc ressuant ;

Qu'il faut un effort environ 10 fois plus élevé pour écraser à froid un acier doux que lorsque le métal est chauffé blanc ressuant ;

Que l'effort d'écrasement pour ces métaux est à peu près proportionnel à la résistance à la traction.

Ces proportions nous donnent une indication générale suffisamment exacte, mais il est bien évident qu'elles ne sont qu'approximatives ; ainsi, s'il faut un effort environ 10 fois plus grand pour écraser à froid un acier, que lorsque celui-ci est chauffé blanc ressuant, ce rapport ne reste à peu près exact que si la température ne s'écarte pas sensiblement de cette température initiale ; naturellement, la résistance à l'écrasement augmente au fur et à mesure que la température décroît et, au rouge cerise, elle n'est plus que le quart de la résistance à froid.

On sait aussi que la limite élastique à la compression des fers et des aciers n'est pas toujours égale à la limite élastique à la traction des mêmes fers et aciers, d'où il suit que deux métaux, fers ou aciers, ayant même résistance à la traction, peuvent donner des courbes d'écrasement un peu différentes ; c'est ce que l'on constate sur la figure 127 : le fer à nerf d'une résistance à la traction de 35 kilogrammes a exigé une pression relativement plus élevée que l'acier doux de même résistance à la traction.

Le cuivre, au contraire, exige à la compression un effort relativement moins élevé par rapport à sa résistance à la traction.

Les diagrammes relatifs aux écrasements du fer à nerf à 35 kilogrammes, et

Fig. 128. — Trois crushers après leur écrasement.

du fer à grain fin à 30 kilogrammes, n'ont pas été tracés aussi loin que les autres diagrammes, parce que, dans ces deux essais, les crushers de ces deux métaux se sont fendillés latéralement ; l'effort n'étant plus alors réparti uniformément sur toute la section, la partie ultérieure du diagramme n'aurait plus eu de valeur comparative ; il valait mieux ne pas pousser au delà l'essai de compression.

La figure 128 montre, en grandeur naturelle, trois crushers écrasés : le premier, non fissuré, est celui d'acier doux à 35 kilogrammes ; sa hauteur initiale de 50 millimètres a été réduite à 18 millimètres sous la pression de 100 tonnes ; son diamètre primitif de 25 millimètres a atteint, à la fin de cet écrasement, un diamètre de 45 millimètres ; le métal à la périphérie a passé d'une longueur de 78^{mm},5 à 141^{mm},4 et a ainsi subi un allongement de 80 p. 100, et ce n'est pas là la limite, puisqu'il n'y a encore aucune fissure.

Le crusher placé au-dessus est en fer de Suède à grain fin d'une résistance à la rupture de 30 kilogrammes; les fissures latérales sont apparues vers la pression de 55 tonnes, alors que le diamètre du crusher écrasé sous cette pression avait 37^{mm},2, ce qui correspond à un allongement d'environ 50 p. 100 à la périphérie : l'écrasement a été poussé à 100 tonnes, mais le diagramme n'a pas été enregistré, ainsi qu'il a été expliqué.

Enfin le troisième crusher, en fer à nerf de 35 kilogrammes, a commencé à se fissurer à 30 tonnes et plusieurs autres fissures sont apparues sous des pressions variant de 30 à 40 tonnes, et correspondant à des diamètres de 27^{mm},8 à 33 millimètres, ce qui donne un allongement de 10 à 32 p. 100 à la périphérie. Ce métal a donc, dans les différentes parties de la barre, une ductilité très différente.

La compression d'un crusher, jusqu'à l'apparition des criques latérales, est donc un procédé simple et pratique pour évaluer la ductilité d'un métal et son homogénéité relativement à ce mode de déformation, et aussi pour distinguer un fer misé d'un acier à aspect stratifié par laminage.

On voit que la différence de ductilité entre deux métaux ou, pour un même morceau de métal, suivant le sens du laminage, a une grande importance lorsqu'il s'agit de l'écrasement, surtout à froid.

A ce point de vue, les effets de la compression sont très différents pour les fers, suivant que ceux-ci se rapprochent de la texture homogène à grain fin, ou de la texture stratifiée par suite des mises superposées.

Quand un fer à texture stratifiée est soumis à un effort de traction parallèle aux fibres, les mises résistent ensemble et parallèlement, mais elles se séparent facilement et s'écartent sous des efforts relativement plus faibles, lorsque ces efforts s'exercent perpendiculairement aux fibres; c'est analogue à ce que nous avons déjà vu à propos du brochage (fig. 125), et c'est ce que nous constaterons encore en étudiant la résistance des têtes et rivures des rivets en fer.

L'acier doux employé pour la confection des rivets est beaucoup plus homogène par sa nature même; il peut donc, à résistance à la rupture égale, supporter des écrasements plus élevés.

Je dois, avant de passer aux essais d'écrasement des rivures, m'expliquer sur la mesure des températures.

L'exactitude, au moins relative, dans l'évaluation de la température du métal, au moment de son écrasement, a une grande importance, car tout écart sensible dans la température entraîne une différence appréciable de résistance du métal.

Or il ne m'était pas possible de percer des trous dans le fût des rivets, pour loger les fils du couple d'un pyromètre thermo-électrique, ni d'effectuer l'écrasement avec ces fils.

Je n'ai pas cru non plus devoir évaluer la température par comparaison, c'est-à-dire en chauffant l'un à côté de l'autre le rivet à essayer et un témoin analogue, portant les fils du couple thermo-électrique, l'égalité de température s'évaluant alors par comparaison des couleurs du chauffage aurait été sujette à des erreurs; enfin la perte de chaleur par rayonnement pendant le transport du rivet à la presse hydraulique et par conductibilité, une fois celui-ci introduit dans son logement, aurait été une autre cause d'erreur très appréciable, de sorte que la précision, apparente par l'emploi d'un pyromètre, aurait été illusoire.

En outre l'évaluation en degrés n'aurait pas renseigné l'industriel, car dans la pratique des ateliers de chaudronnerie, le pyromètre est inconnu.

Or, j'ai remarqué que la température maximum à donner aux rivets de fer et d'acier doux était facilement déterminée par une autre caractéristique que celles de la couleur et de la température; c'est celle de l'aspect du métal: celui-ci, à cette température maximum, commence à ressuer très légèrement; l'aspect, de mat, devient brillant, et de petites étincelles commencent à s'échapper; la constatation de ces deux phénomènes est facile par tout chauffeur de rivets et lui permet de retirer le rivet du foyer à l'apparition d'au moins une de ces deux caractéristiques; en continuant le chauffage, le métal serait altéré.

Cette température maximum, facile à déterminer dans la pratique industrielle, grâce à ces phénomènes caractéristiques, convient pour les rivets en fer et en acier doux, les seuls généralement employés dans la chaudronnerie; nous l'appellerons T, et nous appellerons t la température minimum acceptable pour le rivetage et qui correspond à peu près à la couleur rouge cerise admise pour la trempe des outils en acier.

Pour les rivets en aciers plus durs, de 45 kilogrammes à 55 kilogrammes par exemple, il est indispensable de chauffer à cette température t, un chauffage sensiblement plus élevé détériorant le métal.

Pour mesurer les températures inférieures, voisines de t, j'ai eu recours à l'indication donnée par les diagrammes d'écrasement, les écarts dans l'évaluation de la température du métal, d'après la couleur, étant signalés de suite par la différence de résistance.

Les diagrammes des écrasements à froid et à chaud des divers crushers : fer, cuivre, aciers, nous renseignent approximativement sur la pression nécessaire pour effectuer la première partie de l'écrasement de la tête d'un rivet, parce que la pointe du rivet prend d'abord la forme d'un tonneau (fig. 68 à 74), analogue à celle du crusher écrasé.

Mais, pendant la seconde période de l'écrasement, la forme en tonneau de la pointe du rivet, passe à celle d'une calotte sphérique, la partie supérieure épousant la creusure de la bouterolle et la partie opposée portant sur la surface plane de la pièce à river; le métal doit alors s'écouler latéralement et l'effort nécessaire à la compression varie alors en conséquence.

La figure 129 donne les diagrammes de l'écrasement des rivures à l'aide de la bouterolle, avec les mêmes métaux que ceux qui ont été employés pour les essais précédents sur crushers (fig. 127).

La course de la bouterolle de A en B (fig. 129) donne à la rivure les formes

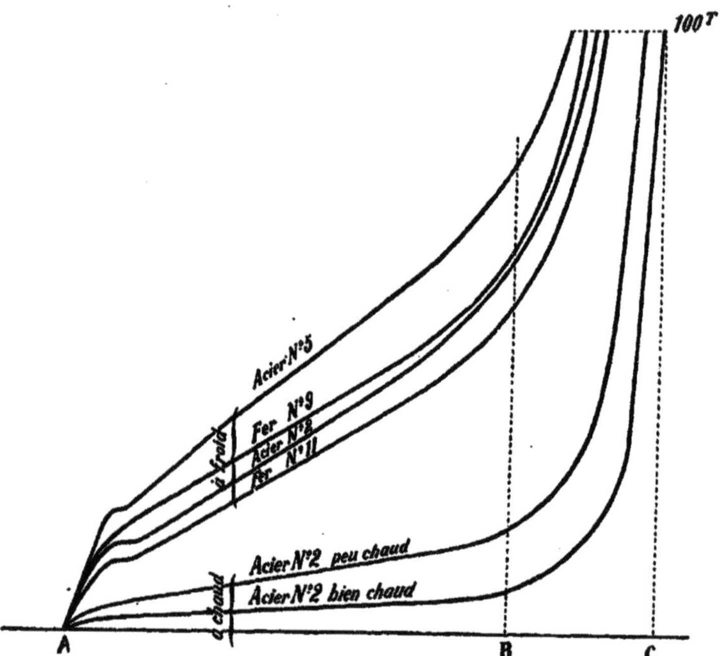

Fig. 129. — Diagrammes d'écrasement de diverses rivures à froid et à chaud.

représentées (fig. 68 à 74) et comme nous l'avons vu, pendant cette course, l'écrasement de la rivure est analogue à l'écrasement en tonneau du crusher; mais à partir du point B, l'effort croît rapidement au fur et à mesure de l'avancement de la bouterolle.

Lorsque celle-ci est parvenue au point C, la rivure effectuée avec l'acier doux à 35 kilogrammes, chauffé à la température T, est alors terminée; la rivure a la forme des figures 86, 87 ; la bavure a été bien écrasée ; le remplissage est aussi complet que possible.

Pour une rivure effectuée avec le même métal, acier doux de 35 kilogrammes de résistance, mais chauffé à la température minimum, la rivure est moins avancée ; la bavure n'est pas écrasée, la résistance du métal, par suite de sa température plus basse, a été sensiblement plus élevée et la pression de 100 tonnes a été insuffisante.

PRESSION NÉCESSAIRE POUR ÉCRASER UN RIVET A FROID

Pour les autres rivures effectuées à froid avec le cuivre, les fers, aciers, etc., sous la pression de 100 tonnes, maximum disponible de ma machine, la rivure d'un rivet de 25 millimètres de diamètre, est très loin d'être terminée et les diagrammes n'ont été conservés que pour permettre de constater la proportionnalité des efforts.

Pour connaître l'effort maximum nécessaire au rivetage à froid avec ces métaux, il me faut donc, pour ne pas dépasser l'effort disponible de 100 tonnes, effectuer des essais de rivetage sur des rivets de plus faible diamètre.

Pour les rivets posés à froid, il ne faut pas espérer remplir le trou par l'écrasement de la bavure, comme pour les rivets à chaud ; la pression excessive qui serait nécessaire détériorerait le métal des pièces à river. Le système de rivetage à froid n'est d'ailleurs employé que pour les rivets de petit diamètre, 8 à 10 millimètres par exemple, et l'effort transmis par la périphérie du fût est déjà excessif et écrouit fortement la paroi du trou. Pour évaluer la pression nécessaire pour faire une tête ou une rivure à froid, j'ai d'abord admis pour la forme et les dimensions celles qui sont fixées pour les rivets écrasés à chaud ; dans ces conditions, j'ai trouvé qu'il fallait, pour du cuivre d'une résistance à la rupture d'environ 25 kilogrammes, une pression maximum d'environ 400 kilogrammes par millimètre carré de la section du fût du rivet ;

Pour du fer de Suède de très bonne qualité d'une résistance à la rupture de 30 kilogrammes, une pression maximum d'environ 560 kilogrammes par millimètre carré de la section du rivet ; ce qui correspond à une pression élémentaire de 18 kilogrammes 60 par kilogramme de résistance à la rupture du métal et par millimètre carré de la section du fût du rivet ;

Enfin, pour de l'acier doux d'une résistance à la rupture de 35 kilogrammes, une pression maximum d'environ 650 kilogrammes par millimètre carré de la section du rivet, ce qui correspond encore à une pression élémentaire de $18^{kg},60$ par kilogramme de résistance à la rupture du métal et par millimètre carré de la section du fût du rivet.

On peut en déduire que si l'on employait de l'acier à 40 kilogrammes par exemple, la pression nécessaire serait de 750 kilogrammes environ par millimètre carré de la section du fût du rivet.

Dans ces calculs il a été admis que le diamètre L de la rivure (fig. 172) était égal aux $\frac{5}{3}$ du diamètre du fût du rivet, conformément à la formule habituelle (page 130), ce qui a permis d'indiquer, *suivant l'usage*, l'effort nécessaire au rivetage en fonction de la section du fût du rivet.

Mais en pratique, les rivures n'ont pas toujours très exactement la dimension donnée par la formule, et comme le moindre écart a son importance, surtout dans le rivetage à froid, il s'ensuit qu'il serait plus exact de compter l'effort nécessaire au rivetage en fonction de la dimension effective de la rivure.

Dans un calcul ainsi effectué, on peut compter que pour écraser à froid un rivet en acier doux de 35 à 40 kilogrammes de résistance à la traction, il faut une pression élémentaire de 180 kilogrammes environ par millimètre carré de la plus grande section de la rivure.

En appliquant des pressions inférieures à ces chiffres, le bord de la rivure est plus ou moins arrondi, l'écrasement est insuffisant.

Pour résister à ces pressions élevées, dans le rivetage à froid, le métal des pièces rivées doit être en acier; lorsque les pièces rivées sont en fer, on est obligé de réduire la dimension de la rivure et même souvent de lui laisser le bord arrondi pour éviter de produire dans le fer une déchirure par schistosité (fig. 125).

3° INFLUENCE DE LA TEMPÉRATURE DU MÉTAL DANS L'ÉCRASEMENT DE LA RIVURE

Relations entre la pression nécessaire pour effectuer le rivetage à chaud et la température du métal au commencement de la compression.

Pour cette étude, j'ai admis en principe que les rivets en fer ou en acier ne devaient pas être chauffés à une température supérieure à celle qui est déterminée en pratique, avec une approximation suffisante, par l'apparition des petites étincelles et d'une surface légèrement ressuante, comme il a été dit. Or cette température maximum de chauffage n'est plus celle du rivet au moment qu'il s'écrase sous la pression de la bouterolle de la riveuse.

Il y a un abaissement de température, d'abord par rayonnement pendant le transport du foyer à la pièce à river, puis par conductibilité au contact des surfaces froides des pièces métalliques à river, depuis l'introduction du rivet dans son logement jusqu'au commencement de l'écrasement.

Au cours d'observations effectuées sur des montages à pied d'œuvre, j'ai constaté au chronomètre qu'il s'écoulait, entre la mise en logement du rivet et le début de l'écrasement par la riveuse, un espace de temps minimum de 12 secondes, moyen de 24 secondes et maximum de 42 secondes.

Or, il est clair qu'au contact des surfaces froides, pendant un temps moyen de 24 secondes, le rivet a perdu beaucoup de sa chaleur, et on peut admettre qu'il n'est plus au-dessus de la température minimum t en dessous de laquelle on ne doit pas river.

A l'inspection des diagrammes de la figure 129, on constate que lorsque la température est t, il faut un effort plus de deux fois plus grand que pour effectuer le rivetage du même métal chauffé à la température T. Aussi, avec une telle perte de temps, le remplissage du trou ne peut plus s'effectuer, la pression finale de la riveuse n'ayant plus d'action efficace sur la bavure. C'est d'ailleurs ce qui était constaté, sur le chantier où je fis ces observations, par la sortie facile du rivet après section de la tête; il y a donc grand intérêt à réduire cette perte de temps : pour cela, il faut vérifier préalablement que les trous se correspondent bien et n'exigeront pas un enfoncement du rivet au marteau, et approcher d'avance la riveuse bien à la place qu'elle doit occuper pour effectuer le rivetage.

4° INFLUENCE DE LA DURÉE DE L'ÉCRASEMENT DE LA RIVURE

Relations entre la pression nécessaire pour effectuer le rivetage à chaud et la durée de l'écrasement. — Si, à partir du contact de la bouterolle avec la pointe du rivet, la durée de l'écrasement de la rivure s'effectue rapidement, il faut un effort sensiblement moindre, que si l'écrasement s'effectue plus lentement. Pendant la première période de l'écrasement, tant que la rivure n'a qu'une petite surface en contact avec la bouterolle par la partie supérieure et avec la pièce à river par la partie inférieure, le refroidissement par rayonnement est assez faible et quelques secondes de plus pour effectuer cette partie de l'écrasement n'entraînent pas la nécessité d'un effort beaucoup plus élevé; mais dès que la rivure est en contact absolu avec les parties froides sur une assez grande surface (figures 75 et suivantes), le refroidissement par conductibilité acquiert une grande importance, et la résistance à l'écrasement augmente sensiblement.

Pour constater le rapport entre la pression nécessaire et la durée de l'écrasement, j'ai chauffé à la même température T deux rivets semblables; l'un a été écrasé aussi rapidement que possible, en 3 secondes environ, l'autre très lentement en 13 secondes.

Cette différence de 10 secondes a produit, au contact des surfaces froides de la bouterolle et de la pièce à river, un tel refroidissement de la rivure, que celle-ci, quoique ayant subi la pression maximum de 100 tonnes, n'est pas plus écrasée qu'elle ne l'aurait été avec une pression de 35 tonnes environ, dans un espace de temps de 3 secondes, c'est-à-dire avec la rapidité de l'expérience précédente.

La figure 130 montre les diagrammes de ces deux écrasements de rivures effectués à la même température initiale, mais dans des espaces de temps différents : 3 secondes et 13 secondes. Les figures 131 et 132 sont les coupes par l'axe de ces deux rivets pour en montrer le degré d'écrasement. Sur la figure 130, on constate que le point A de l'écrasement de la rivure lente sous 100 tonnes de pression, correspond au point B de la rivure rapide et que ce point B correspond à une pression de 35 tonnes environ.

Si, d'un autre côté, on compare les degrés d'écrasement obtenus figures 131

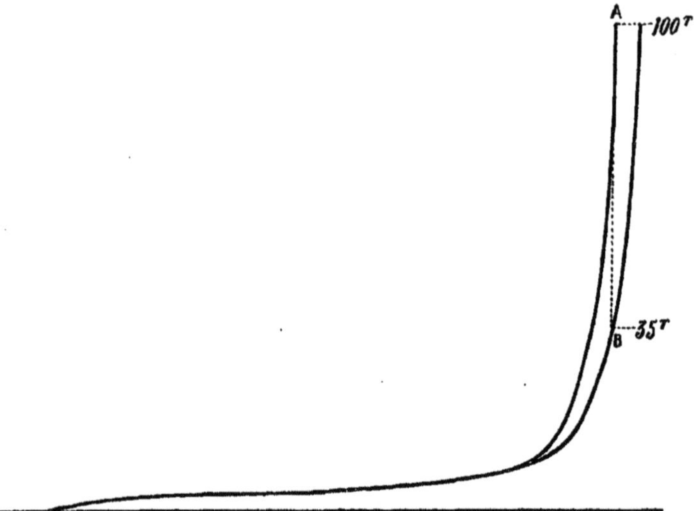

Fig. 130. — Diagrammes d'écrasement de deux rivures à la même température initiale, mais effectuées dans des espaces de temps différents.

et 132 avec les rivures correspondantes des figures 68 à 87, on constate que la figure 131 correspond à l'état d'écrasement de la figure 86, rivure rapide sous 100 tonnes de pression et que la figure 132 ne correspond qu'à une rivure comprise entre les figures 81 et 82, c'est-à-dire à un écrasement rapide sous pression d'environ 35 tonnes.

Il y a donc un très grand intérêt à river rapidement en disposant d'une quantité suffisante d'énergie accumulée et en l'utilisant dans un temps aussi court que possible ; c'est là un des grands avantages des accumulateurs hydrauliques (1).

(1) L'invention de l'accumulateur hydraulique est assez ancienne ; elle est due au chevalier

Fig. 131-132. — Coupes de deux rivures effectuées à la même température initiale, mais dans des espaces de temps différents.

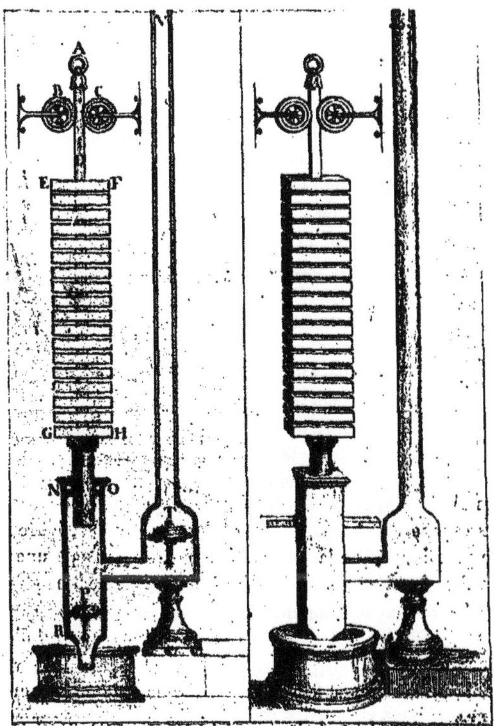

Fig. 133. — Accumulateur hydraulique inventé par sir Samuel Morland et muni de sa garniture de cuir embouti.

3° INFLUENCE DE L'IMPORTANCE DE L'ÉCRASEMENT DE LA BAVURE

Relations entre la pression nécessaire pour effectuer le rivetage à chaud, et l'importance de l'écrasement de la bavure.

Lorsqu'on examine les divers degrés d'écrasement de la rivure (fig. 68 à 87), on voit de suite que, sous la pression de 19 tonnes, le rivet en fer (fig. 78-79) est insuffisamment écrasé, puisque le bord de la rivure n'est pas terminé; mais sous une pression de 23 tonnes (fig. 80-81), le bord de la rivure est suffisamment bien venu, c'est-à-dire qu'en prenant la mesure du plus grand diamètre de cette rivure, on trouve qu'elle correspond à la dimension demandée. Or, pour étaler la bavure et l'écraser, suivant la figure 86-87, il faut une pression supplémentaire de 80 tonnes qui ne produit qu'un écrasement supplémentaire d'environ 1 millimètre.

C'est ce qui explique en partie l'incertitude des cahiers des charges sur la pression à exiger.

La pression nécessaire pour effectuer une rivure ne peut pas se déterminer par une seule expérience, comme on serait tenté de le penser *a priori*. On pourrait croire, en effet, qu'il suffit d'écraser un rivet d'acier doux, d'une résistance donnée, sous une presse hydraulique munie de son enregistreur, pour trouver sur le diagramme un point singulier indiquant la limite d'écrasement possible de la rivure et, par suite, la pression qu'on doit exiger; mais il n'en est pas ainsi; car, tant qu'il reste une bavure, sous la bouterolle, une nouvelle pression, plus élevée que la précédente, écrase à nouveau la bavure, d'une quantité très faible, il est vrai; mais en fait, on n'a jamais sur le diagramme le point singulier espéré.

La limite de pression est donc une question d'appréciation dépendant surtout de la perfection de remplissage qu'on désire obtenir.

Pour une pression déterminée, on obtiendra un écrasement d'autant plus avancé que le métal sera d'une plus faible résistance à la traction, qu'il sera plus chauffé, que le rivet sera plus rapidement logé et écrasé, que le bord de la bouterolle sera plus mince et que la pression sera maintenue plus longtemps une fois l'écrasement effectué.

Nous avons vu l'influence de ces variables.

On ne peut pas compter se trouver toujours dans les meilleures conditions; néanmoins, il est intéressant de connaître la pression nécessaire pour effectuer

---

sir Samuel Morland, 1625-1695. — La figure 133, représentant l'accumulateur muni d'un cuir embouti, est extraite de son livre publié à Paris en 1685 et intitulé : *Élévation des eaux par toutes sortes de machines, réduite à la mesure, au poids et à la balance, par le moyen d'un nouveau piston et corps de pompe et d'un nouveau mouvement cyclo-elliptique*, etc.

7

un tel rivetage, ne serait-ce que pour connaître les limites dans lesquelles on doit chercher la pression à indiquer au cahier des charges.

Comme nous l'avons vu avec les riveuses mobiles, surtout pour les montages à pied d'œuvre, il y a intérêt économique à avoir des machines légères, donnant par conséquent la pression minimum suffisante; pour les travaux d'atelier, et surtout avec des riveuses fixes, on peut prendre une pression plus élevée, sans cependant exagérer; car alors les ouvriers seront tentés de poser les rivets à trop basse température; si au contraire la pression est trop juste, ils seront entraînés à chauffer à une trop haute température les rivets qui seront alors souvent brûlés.

Il est donc nécessaire de connaître d'abord l'*effort minimum*, au-dessous duquel il n'est plus possible d'obtenir une rivure complète, en admettant qu'on se trouve dans les meilleures conditions: chauffage à température T, introduction rapide du rivet dans son logement, écrasement à une assez grande vitesse pratique (deux ou trois secondes par exemple), maintien de la pression pendant 30 à 60 secondes, etc.; et ensuite, de connaître l'effort *maximum* nécessaire, tout en admettant que le rivet est posé encore assez chaud, pour ne pas se fissurer et pour donner un rivetage satisfaisant.

J'ai d'abord effectué les essais avec une quantité de métal juste nécessaire pour former la tête du rivet de 25 mm., c'est-à-dire sans produire de bavure, en commençant par les essais nécessitant l'effort minimum, c'est-à-dire dans les meilleures conditions et avec du fer de Suède de la plus faible résistance à la rupture, 30 kilogrammes.

Un premier essai sous pression de 30 tonnes m'a permis de constater que cette pression était insuffisante, car le bord de la tête était arrondi et non pas à vive arête, comme doit être celui d'une tête ou d'une rivure bien faite.

J'ai augmenté successivement la pression et c'est aux environs de 45 tonnes que la rivure, avec ce fer, a été complète.

Avec de l'acier à 50 kilogrammes de résistance à la rupture, il m'a fallu environ 60 tonnes de pression.

Cette première série d'essais m'a permis de constater que, pour obtenir le bord de la tête ou de la rivure à arête bien vive, il fallait une pression relativement très élevée par rapport à celle de la pression nécessaire pour obtenir une rivure analogue à bord un peu arrondi.

Voici l'explication de la nécessité de ce surcroît de pression pour passer d'une tête qu'on admettrait à première vue comme bonne et suffisante à une tête ou rivure complète, c'est-à-dire à bord fini, à vive arête.

En nous reportant aux figures 68 à 72, on voit que, sous la pression de la bouterolle, la tige cylindrique s'écrase en forme de tonneau, la partie supérieure prenant la forme d'une calotte sphérique en se moulant sur la paroi interne de la creusure de la bouterolle, et la partie inférieure celle d'une couronne plane, au contact de la face plane de la pièce à river; dans ces trois figures 68, 70, 72, le diamètre de la partie supérieure du tonneau est à peu près égal au diamètre de la partie inférieure; mais, en continuant l'écrasement, (fig. 74), la partie en contact avec la bouterolle augmente plus rapidement de diamètre que la partie en contact avec la surface plane et la différence des diamètres de ces deux parties va en augmentant avec l'écrasement (fig. 76, 78. Cela tient à ce que le métal du tonneau vient, au fur et à mesure de son écrasement, s'appuyer sur la creusure de la bouterolle, sans avoir à glisser sur cette surface; tandis que le métal de la partie opposée, doit, pour s'étaler, frotter sur la surface froide de la pièce à river: il y a, à la fois, frottement et refroidissement.

On constate facilement ce refroidissement local d'une rivure, lorsqu'on retire rapidement la bouterolle après l'écrasement : la partie inférieure en contact avec la surface du métal à river est noire, tandis que la partie centrale, logée dans la creusure de la bouterolle, est encore rouge. Dans l'écrasement à froid, on constate un phénomène analogue, mais la différence des deux diamètres est moins grande parce que le frottement seul a influencé l'épanouissement du métal, tandis que dans la rivure à chaud, il y a, à la fois, le fait du frottement et celui du refroidissement du métal.

Lorsqu'il y a une bavure à la rivure, ce qui est le cas général en pratique, — car pour parer au manque possible de matière, il est indispensable de disposer d'un petit excès, — la bavure, en s'écoulant latéralement, permet d'obtenir plus facilement un diamètre suffisant à la partie inférieure de la rivure et alors une pression relativement moindre suffit. Quoi qu'il en soit, on peut dire que toutes choses égales, la pression variera suivant qu'on veut obtenir plus ou moins exactement le diamètre imposé à la partie inférieure de la rivure en contact avec la face de la partie supérieure de la pièce rivée.

Or, en pratique, il n'est pas toujours facile de constater si le diamètre de la partie inférieure de la rivure, indiqué au cahier des charges, est exactement obtenu; le cisaillement à la gouge de la bavure produit un matage compensateur; on peut donc souvent obtenir un rivetage d'apparence suffisante, même quand la pression maximum a été un peu inférieure à celle qui aurait été nécessaire pour produire le rivetage parfait.

Il faut bien reconnaître que, d'un autre côté, l'obtention un peu imparfaite de l'arête vive du bord de la rivure n'implique pas un manque de résistance du rivetage, lorsqu'il n'y a pas exagération; on comprend ainsi que la pression maximum, reconnue suffisante par certains constructeurs pour écraser un rivet donné, soit considérée comme insuffisante par d'autres spécialistes.

Comme il est nécessaire d'avoir une base pour déterminer, au moins approximativement, l'effort maximum à imposer dans le rivetage, j'ai cherché quelle était la pression nécessaire pour obtenir le rivetage parfait, c'est-à-dire avec la surface de portée de la rivure imposée au cahier des charges, soit une couronne de 41^{mm},5 pour le rivet de 25 millimètres de diamètre.

Avec du fer de Suède d'une résistance à la rupture de 30 kilogrammes, et en me plaçant dans les meilleures conditions pratiques, chauffage à la température T, introduction rapide du rivet dans son logement, pression maintenue 60 secondes, je n'ai pu obtenir une rivure complète.

La rivure n'a pu être obtenue qu'avec 40 tonnes.

Après de nombreux essais, j'ai pu en déduire que pour river comme il a été dit, c'est-à-dire avec une petite bavure, le métal chauffé à la température T. puis posé et écrasé rapidement, mais la pression maintenue seulement deux ou trois secondes, il fallait une pression maximum de 2^{kg},7 par millimètre carré de la section du rivet et par kilogramme de résistance à la rupture du métal employé pour le rivet.

Ce qui implique, en nombres ronds, pour rivets de 25 mm. une pression de :

40 tonnes pour le fer à 30 kg. de résistance à la rupture.
47   —   l'acier à 35 —   —   —
54   —   —   40 —   —   —
60   —   —   45 —   —   —
67   —   —   50 —   —   —

Mais il faut remarquer que la température T ne conviendrait pas pour les rivets en acier de 45 et 50 kilogrammes; je n'ai fait les expériences, à cette température, sur ces deux aciers, que pour déterminer la pression et vérifier l'exactitude de la formule.

J'ai ensuite écrasé des rivets semblables aux précédents, et pris, dans les mêmes métaux, mais chauffés seulement à la température t, minimum à admettre en pratique, car en dessous de cette température le métal peut se criquer et le remplissage du trou est insuffisant.

J'ai trouvé qu'il fallait au moins 5 kilogrammes par millimètre carré de la section du rivet et par kilogramme de résistance à la rupture du métal employé pour le rivet.

Ce qui implique, en nombres ronds, pour rivets de 25 mm., une pression de :

75 tonnes pour le fer à 30 kg. de résistance à la rupture.
87   —   l'acier à 35 —   —   —
100   —   —   40 —   —   —
112   —   —   45 —   —   —
125   —   —   50 —   —   —

Dans tous ces essais la température de chauffage a été évaluée d'après la couleur, mais le contrôle en a été facile par l'inspection du diagramme enregistré de la pression d'écrasement, puisque le moindre écart dans la température entraîne un écart équivalent dans l'effort ; il suffit d'éliminer les essais qui produisent des diagrammes différents du diagramme type adopté.

Dans ces essais, la pression n'a été maintenue que 2 ou 3 secondes : lorsque la pression est maintenue 30 secondes au moins, il y a un accroissement sensible d'écrasement qui correspond à peu près à une pression plus élevée de 40 tonnes qui ne serait maintenue que 2 ou 3 secondes ; plus le rivet est chaud, plus cet écart de pression est important, car l'accroissement d'écrasement produit par le maintien de la pression est d'autant plus sensible que le rivet est fini à une plus haute température.

Pour déterminer la pression nécessaire au rivetage à chaud, il faut considérer que le fer supporte facilement une haute température de chauffage, et c'est pourquoi la pression de 45 tonnes, généralement imposée, convient bien ; mais pour l'usage de rivets en acier de 35 à 40 kilogrammes, le chauffage ne doit pas dépasser la température T, c'est pourquoi les constructeurs de riveuses montent la pression à 60 tonnes et même 80 tonnes pour les rivets de 25 millimètres de diamètre.

Si l'on employait des aciers plus durs 45 et 50 kilos, il faudrait encore diminuer la température de chauffage, et admettre une pression de 120 tonnes environ.

TEMPS PENDANT LEQUEL LA PRESSION DOIT ÊTRE MAINTENUE SUR LA TÊTE DU RIVET

On observe souvent, lorsqu'on scrute attentivement les rivets d'un pont nouvellement construit, qu'un certain nombre d'entre eux sont desserrés, même avant tout service ; ce desserrage provient principalement de ce que les pièces en contact n'étaient pas parfaitement dressées et que, formant ressort, elles ont étiré le corps du rivet sur lequel la pression n'a pas été maintenue assez longtemps. Dans ce cas, l'adhérence n'existe pas et les chocs ne tardent pas à produire leur effet.

Dans la construction des chaudières, le même défaut se présente pour la même raison, et c'est pour l'atténuer que les ouvriers qui rivent au marteau à main ont soin, vers la fin de l'écrasement d'un rivet, de frapper sur les tôles au voisinage de la rivure, pour les rapprocher pendant que le retrait du fût commence à effectuer, par son refroidissement, un commencement de serrage : c'est ce qu'ils appellent *serrer les pinces* (page 14) ; c'est seulement ensuite qu'ils finissent le bouterollage.

Or nous avons vu que, lorsque la pression est maintenue sur le rivet, l'enregistreur indique très nettement que l'écrasement se continue, en diminuant naturellement d'importance au fur et à mesure du refroidissement.

Cet écrasement supplémentaire peut atteindre de un demi-millimètre à un millimètre, suivant l'épaisseur de la bavure et le degré de chaleur que possède encore le rivet au début de cet écrasement.

La durée de cet écrasement consécutif est d'environ 60 secondes et, dans certains cas favorables, il atteint 90 secondes.

Il est donc de la plus grande utilité de *maintenir la pression maximum pendant au moins 30 secondes, et plus si possible.*

C'est très facile avec les riveuses hydrauliques alimentées par un accumulateur; mais c'est moins certain avec les riveuses hydrauliques actionnées par dynamo, parce que la soupape de retenue peut laisser perdre de l'eau, quand, au contraire, il faut ajouter de l'eau sous pression pour suivre l'écrasement du rivet.

Ce phénomène du filage du métal, malgré son refroidissement, est constaté avec le cuivre, le fer, l'acier dans le rivetage à chaud, mais n'existe pas dans le rivetage à froid.

Le plomb file à froid sous pression constante : ce métal, il est vrai, ne sert pas comme métal à rivets, mais je dois signaler le fait, car il se pourrait que, dans certains cas, le plomb fût employé pour faire joint entre deux tôles ; on risquerait alors de n'avoir pas d'étanchéité, parce que, le métal continuant à s'affaisser, le serrage des rivets ne donnerait plus d'adhérence.

Il y a encore économie à maintenir la pression dans le rivetage à chaud, puisque cela permet alors d'écraser le rivet autant qu'il l'aurait été sous une pression très sensiblement plus élevée ; on peut donc employer une pression moindre, dépenser moins d'énergie, avoir des riveuses un peu plus légères, plus portatives, moins encombrantes, etc., ce qui compense la dépense résultant du supplément de temps nécessaire pour maintenir cette pression.

TRAVAIL DÉPENSÉ DANS LE RIVETAGE A LA MACHINE

Il est utile de donner la quantité de travail nécessaire pour écraser un rivet à la machine.

Si nous nous reportons au diagramme (fig. 67), de l'écrasement à chaud d'un rivet en fer de 25 millimètres de diamètre, nous voyons que sous une pression maximum de 100 tonnes, maintenue 60 secondes, le travail, mesuré par la surface du diagramme, est de 258 kilogrammètres, y compris les 66 kilogrammètres nécessités par l'écrasement consécutif sous la pression de 100 tonnes pendant 60 secondes.

Si l'on cherche, parmi les figures 68 à 86, celle qui correspond à peu près à ce qu'on obtient par un rivetage à la main, on voit que c'est entre les figures 80 et 82 qu'il faudrait choisir ; en admettant que ce rivetage à la machine, correspondant à un rivetage au marteau à main, ait été effectué sous une pression de 30 tonnes, on trouve que la quantité de travail indiquée par le diagramme serait d'environ 90 kilogrammètres. On peut en conclure qu'avec un écrasement rapide, comme celui qui est effectué par la riveuse, la quantité de travail serait de 90 kilogrammètres environ, alors que, pour faire le rivetage au marteau à main, il faut environ 1100 kilogrammètres, comme nous l'avons vu, soit douze fois autant d'énergie. Cette différence tient à ce que, dans le rivetage à la main, la durée de l'opération est longue; le métal se refroidit, devient plus résistant; de plus, le travail au marteau a un plus faible rendement, toutes choses égales, que le travail par pression statique, par suite de l'ébranlement des masses, de l'élasticité des pièces, etc.

Si l'on compare le travail à la main avec le travail dépensé pour écraser le même rivet sous une pression de 70 tonnes (moyenne entre 60 et 80 tonnes), maintenue 60 secondes, on constate alors que pour produire un rivetage parfait à la machine, on ne dépense encore que 200 kilogrammètres au lieu de 1100 kilogrammètres nécessaires pour le rivetage médiocre effectué au marteau à main.

On pourrait donc croire, d'après ces chiffres que la dépense d'énergie est au moins cinq fois moins élevée avec le rivetage à la machine qu'avec le rivetage au marteau à main; en fait, c'est le contraire qui a lieu, non pas parce que le diagramme n'est pas exact, mais à cause du rendement de la riveuse, surtout lorsque celle-ci est actionnée par un accumulateur.

Pendant qu'avance le piston, porteur de la bouterolle, il est poussé par de l'eau sous pression totale de 70 tonnes, cependant qu'il franchit plusieurs centimètres avant de travailler utilement, et qu'une pression de quelques tonnes est suffisante pendant la majeure partie de l'écrasement. En pratique, on peut estimer que, pour effectuer une rivure de 25 millimètres de diamètre, la course de la bouterolle est d'environ 50 millimètres, nécessaire pour le passage du rivet, tête et pointe, entre les deux bouterolles; la dépense d'énergie est ainsi de $0^m,05 \times 70\,000$ kilog. $= 3\,500$ kilogrammètres.

La dépense d'énergie pour la remonte du piston est d'environ $0^m,05 \times 2\,500$ kilog. $= 125$ kilogrammètres.

Il y a, en outre, la dépense d'énergie causée par la flexion du bâti sous la pression; cette flexion est proportionnelle au cube de la portée de la riveuse. Sous une pression de 70 tonnes, pour une portée de $2^m,50$, la flexion est, pour un type habituel, de 8 millimètres; l'énergie dépensée est donc $0^m,008 \times 70\,000$ kilog. $= 560$ kilogrammètres.

Avec la presse hydraulique fig. 66, qui m'a servi pour mes expériences, la portée est de 80 centimètres, et la flexion sous 70 tonnes est de $3^{mm},1$.

L'énergie dépensée est de $0^m,0031 \times 70\,000$ kilog. $= 217$ kilogrammètres.

En résumé, sans compter la perte d'énergie à la pompe, dans la tuyauterie, etc., on peut admettre qu'il faut dépenser 4 000 kilogrammètres pour produire le rivetage d'un rivet de 25 millimètres, alors que la dépense théorique donnée par le diagramme n'est que de 200 kilogrammes. Le rendement de la riveuse actionnée par l'accumulateur n'est ainsi que de 5 p. 100.

C'est pour élever ce rendement qu'on a opéré des économies, soit en actionnant directement la riveuse par une pompe munie d'un lourd volant, soit en actionnant la riveuse électriquement, etc.; mais comme nous l'avons vu, l'économie très sensible ainsi réalisée ne l'a été généralement qu'au détriment de la qualité du rivetage.

MODIFICATION DE LA QUALITÉ INITIALE DU FER ET DE L'ACIER EMPLOYÉS A LA FABRICATION DES RIVETS APRÈS QUE CEUX-CI ONT ÉTÉ POSÉS A CHAUD

Il y a près de cinquante ans (1), MM. Molinos et Pronnier écrivaient : « Il n'a pas été fait d'expériences établissant de combien est *diminuée* la résistance du rivet à la traction, par l'effet de l'allongement permanent qu'il acquiert en se refroidissant après la pose. Cette partie de la construction d'un pont en tôle aurait donc besoin d'être éclairée par quelques expériences. »

En outre, depuis longtemps, les praticiens constatent au dérivetage que le métal du rivet est devenu plus dur après que celui-ci a été posé à chaud, et souvent plus fragile, parce que la rupture des têtes de rivets est assez fréquente; ils attribuent généralement cette augmentation de dureté et de fragilité subséquente à un effet de trempe par refroidissement du rivet au contact des tôles et des bouterolles.

Cette hypothèse de trempe semblerait confirmée par les résultats de quelques expériences effectuées par M. Simonot, ingénieur du génie maritime et publiées dans une note intitulée: « Influence des dimensions transversales des pièces d'acier sur les résultats obtenus par la trempe, conséquences au point de vue du rivetage (2). »

D'après ses expériences, M. Simonot conclut pour le rivetage :

1° Qu'il se produit une trempe plus ou moins énergique;

2° Que le résultat final, pour un même métal, dépend en particulier du diamètre du rivet, de la température de pose et du mode de rivetage.

En fait, au point de vue de la qualité générale du métal, la question reste posée :

Le métal s'est-il réellement détérioré, comme on le suppose généralement, est-il resté identique, ou s'est-il amélioré?

(1) Molinos et Pronnier, *Traité de la construction des ponts métalliques*, 1857, p. 132.

(2) *Mémorial du Génie Maritime*. Paris, 1901, fascicule 1, p. 33.

Pour élucider cette question (1), j'ai d'abord choisi onze métaux différents, mais répondant aux conditions habituelles de la pratique industrielle : cinq fers de résistances diverses, allant de 30 à 40 kilogrammes par millimètre carré et six aciers de résistances allant de 35 à 55 kilogrammes par millimètre carré.

Dans chacun de ces onze échantillons, j'ai détaché trois morceaux destinés aux essais mécaniques : traction, pliages statique et dynamique ; un de ces trois morceaux a été essayé à l'état vierge, c'est-à-dire tel qu'il a été pris dans la barre, sans avoir subi le moindre traitement thermique ou mécanique ; un autre morceau a été chauffé dans la forge, à la température habituelle de pose des rivets, mais n'a subi aucun traitement mécanique ; enfin le troisième morceau a été façonné en rivet, puis posé à chaud à la presse hydraulique et sous une pression de 60 tonnes ; après refroidissement il a été dérivé complètement pour être ajusté, comme les deux morceaux précédents, en éprouvettes de traction et de pliages.

Étant donnée la grande importance de la limite élastique dans les pièces rivées, j'ai dû m'attacher à déterminer avec précision et surtout avec exactitude la mesure de la limite élastique dans ces essais de traction ; pour obtenir ce résultat, j'ai donné à chaque éprouvette de traction la forme tronconique (fig. 134), c'est-à-dire à section croissante, qui, seule, permet de déterminer la limite élastique *vraie* (2).

Pour montrer l'erreur possible commise dans la mesure habituelle de la limite élastique, j'ai aussi donné les résultats de cette mesure d'après le diagramme ; en comparant ces résultats avec ceux de la mesure de la limite élastique vraie, on constatera l'importance des écarts.

Il est bien entendu que c'est la limite élastique *vraie* qui seule doit être retenue, l'autre mesure étant inexacte.

La mesure de la *ductilité* est donnée par la striction et non par l'allongement tel qu'on le mesure habituellement (3).

Pour les essais de pliages statique et dynamique, j'ai pris, dans chaque morceau, deux éprouvettes prismatiques (fig. 135) de 10 millimètres × 8 millimètres de section et de 30 millimètres de long, entaillées d'un trait de scie (4).

Dans l'essai de pliage statique, je ne me suis pas contenté de mesurer la quantité du travail dépensé pour opérer la flexion, c'est-à-dire la résistance vive du métal essayé ; j'ai, en outre, mesuré l'effort indiqué sur le diagramme comme

(1) Communication à l'Académie des sciences du 3 juillet 1905.
(2) Ch. Frémont, *Mesure de la limite élastique des métaux. Bulletin de la Société d'Encouragement*, septembre 1903.
(3) Congrès international des méthodes d'essais. Paris, 1900, t. I, p. 422.
(4) Ch. Frémont, *Essai des métaux par pliage de barrettes entaillées. Bulletin de la Société d'Encouragement*, septembre 1901.

ayant produit la première déformation permanente de l'éprouvette entaillée, ce qu'on pourrait appeler la limite d'élasticité apparente à la flexion de la barrette essayée et l'effort maximum indiqué comme ayant permis d'effectuer le pliage complet de la barrette entaillée; la mesure de ces deux efforts a son utilité, surtout lorsqu'il s'agit de comparer l'influence de traitements thermique ou mécanique, parce que deux diagrammes peuvent avoir à peu près même surface, par conséquent exprimer une même résistance vive, alors que les efforts correspondant au début de la déformation permanente produite par la flexion et au maximum de résistance ont des valeurs différentes.

Pour la mesure de ces deux efforts, j'ai noté la pression totale pour toute la

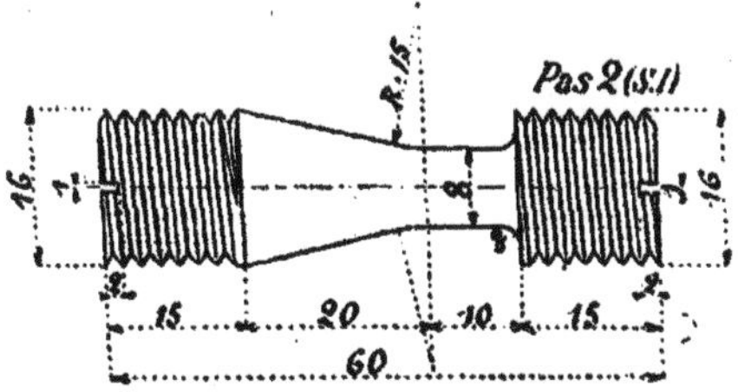

Fig. 134. — Éprouvette tronconique pour essai
de traction, avec mesure de la limite élastique vraie.

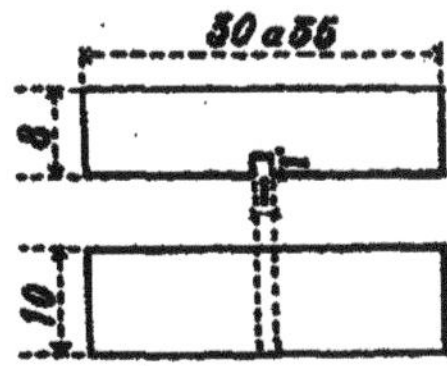

Fig. 135. — Éprouvette prismatique
entaillée pour essais de pliages.

section de l'éprouvette, sans la ramener à l'effort par unité de section, parce que toutes les éprouvettes essayées étaient de dimensions semblables.

Le tableau (p. 107) donne les résultats de ces essais et l'on constate que le métal, après avoir subi la contraction par refroidissement sous traction, s'est, en général, *très sensiblement amélioré*.

Les résultats des essais au choc sur barrettes entaillées montrent que la fragilité n'a pas augmenté; l'augmentation de résistance n'est donc pas due à un effet de trempe, comme on le supposait; il est probable qu'elle est plutôt due à un phénomène analogue à celui que l'on constate dans le laminage de l'acier à basse température.

J'ai effectué quelques essais de traction sur des rivets fabriqués avec les mêmes métaux, mais ayant une section réduite aux deux cinquièmes de celle des précédents rivets essayés, et j'ai trouvé exactement la même résistance par unité de section que pour les plus gros rivets, la résistance après rivetage n'est donc pas sensiblement influencée par l'importance du diamètre du rivet.

Mais j'ai remarqué l'influence néfaste produite par une élévation relative de

RÉSULTATS DES ESSAIS MÉCANIQUES

NUMÉROS.	NATURE du MÉTAL.		ESSAI DE TRACTION.				PLIAGE STATIQUE.			CHOC résistance vive.
			LIMITE ÉLASTIQUE.		Résistance à la rupture.	Striction $\dfrac{S-S'}{S}$	Effort pour déformer.	Effort pour plier.	Résistance vive.	
			apparente.	vraie.						
			Kg.	Kg.	Kg.		Kg.	Kg.	Kgm.	Kgm.
1	Fer de Suède mixte (nerf et grain).	Vierge .	21,70	16,45	33,60	0,55	765	1 910	16	17
		Chauffé.	21,70	16,45	33,60	0,49	810	1 870	18	17
		Dérivé .	32,20	28 »	43,40	0,54	1 190	1 955	18	18
2	Acier extra doux (marine).	Vierge .	27.30	19,50	35,70	0,65	805	2 040	23	22
		Chauffé.	21,70	16,85	35 »	0,63	765	2 040	24	26
		Dérivé .	30 »	26 »	43,40	0,66	1 105	2 550	31	24
3	Acier doux (construction).	Vierge .	28 »	23,10	43,50	0,62	890	2 420	23	6
		Chauffé.	30,80	24 »	42,70	0,61	890	2 380	25	2
		Dérivé .	39,20	34,85	55,30	0,59	1 400	2 850	25	10
4	Acier nickel 3 p. 100.	Vierge .	35 »	27,50	44,10	0,63	1 020	2 295	4	22
		Chauffé.	28,35	22,50	42 »	0,65	1 060	2 380	27	19
		Dérivé .	44,80	40 »	57,40	0,62	1 145	2 635	28	27
5	Acier demi-dur (marine).	Vierge .	32,90	24,50	49 »	0.37	1 020	2 420	16	6
		Chauffé.	29,40	22,50	48,30	0,59	935	2 380	5	5
		Dérivé .	39,20	40 »	65 »	0,59	1 615	2 975	19	8
6	Acier nickel 5 p. 100.	Vierge .	38,50	30 »	49,70	0,66	1 190	2 675	29	23
		Chauffé.	35 »	31,65	49,70	0,64	1 275	2 760	25	22
		Dérivé .	59,50	53,20	72,80	0,64	1 315	2 845	34	29
7	Acier demi-dur (allemand).	Vierge .	36,40	30 »	54,60	0,64	1 190	2 805	24	10
		Chauffé.	32,20	29 »	56 »	0,65	980	2 720	13	10
		Dérivé .	43,40	36,75	63,70	0,61	1 230	2 720	24	22
8	Fer ordinaire mixte (nerf et grain).	Vierge .	26,30	23,50	40 »	0,34	830	1 615	18	2
		Chauffé.	26,30	23 »	39,10	0,39	830	1 740	13	2
		Dérivé .	33,30	27 »	44,20	0,40	1 100	1 785	4,5	2
9	Fer ordinaire à nerf.	Vierge .	23 »	20 »	34 »	0,40	680	1 910	17	2
		Chauffé.	22 »	18 »	34 »	0,33	720	1 785	15	2
		Dérivé .	44,60	34,50	45,90	0,30	720	1 570	11	4
10	Fer de Suède grain fin.	Vierge .	24,20	17 »	32,30	0,75	680	1 830	24	13
		Chauffé.	22 »	14 »	32,30	0,72	600	1 740	25	32
		Dérivé .	24 60	18,60	36,50	0,75	765	1 955	26	40
11	Fer de Suède grain fin.	Vierge .	22,10	12,70	29,80	0,75	530	1 530	18	36
		Chauffé.	23 »	14 »	29,80	0,75	595	1 700	22	10
		Dérivé .	25,50	18,35	34,90	0,75	850	2 125	25	28

température pendant le chauffage des rivets, surtout avec des aciers durs et même avec des aciers demi-durs.

Ainsi, un acier à 60 kilogrammes de résistance initiale à la traction, chauffé à peine blanc ressuant et *non rivé*, par conséquent n'ayant subi aucun effet de trempe par contact avec le métal froid, ni aucun effet mécanique par contraction pendant le refroidissement, a donné à l'essai de traction après ce chauffage intempestif, une résistance de 75 kilogrammes ; mais sa résistance vive au choc, sur barrette entaillée, est descendue de 22 kilogrammètres à 4 kilogrammètres : cet acier était devenu fragile. En résumé, si le travail mécanique résultant de la contraction pendant le refroidissement produit généralement une amélioration du métal, amélioration constatée par une augmentation de la limite d'élasticité, de la résistance à la rupture, de la résistance vive au choc, par contre le chauffage du rivet poussé au delà d'une certaine température, variable d'ailleurs avec chaque acier, produit aussi une élévation de résistance à la rupture, mais une diminution de résistance vive au choc ; il y a donc alors détérioration du métal, puisqu'il est devenu fragile. Ce n'est pas la température de pose, c'est la température de chauffage qui a influencé la qualité du métal du rivet.

RÉSISTANCE DES RIVETS SOUMIS A UN EFFORT DE TRACTION LONGITUDINALE

Nous avons vu qu'un rivet bien posé devait maintenir les tôles serrées, pour que l'assemblage résiste surtout par l'adhérence des tôles ; la résistance au cisaillement des rivets, remplissant bien les trous, devant contribuer à empêcher tout déplacement relatif.

Il importe donc de savoir, pour un rivet qui résiste à un effort de traction longitudinale :

1° Sous quel effort se produira la déformation permanente, c'est-à-dire quelle est la limite élastique du rivet ;

2° Sous quel effort se produira la rupture, et avec quel allongement du fût, pour en déduire la résistance vive.

Le premier renseignement est utile pour donner la résistance en service normal et le deuxième pour la résistance en cas d'accident ; il est clair que, plus les rivets auront de résistance vive, plus ils absorberont de travail avant de se rompre, plus une chaudière résistera à l'explosion à la suite d'une avarie locale, et plus un pont se déformera avant de se rompre.

Pour me renseigner à ce sujet, j'ai posé un certain nombre de rivets avec les métaux dont les résistances mécaniques sont données au tableau (p. 107).

J'ai effectué tous ces rivetages en réunissant deux blocs d'acier dur, plus longs que larges et ayant chacun 50 millimètres d'épaisseur ; l'épaisseur à river était ainsi de 100 millimètres. Au rivetage, les deux blocs étaient croisés et, chacun débordant l'autre latéralement, on avait prise pour déterminer l'arrachement par traction sous la presse hydraulique, munie de son enregistreur.

Ces essais de traction, effectués sur huit à dix rivets de chacun des six premiers métaux dont les résistances mécaniques sont indiquées au tableau page 107, ont donné les résultats portés au tableau ci-dessous.

Pour comparer les résultats des essais de traction sur les rivets, à ceux des essais sur le métal, j'ai rappelé, dans les deux premières colonnes de ce tableau, les chiffres déjà indiqués au tableau page 107, relatifs au métal à l'état vierge et au métal après dérivetage.

Avec la limite élastique vraie, j'ai cru devoir rappeler la limite élastique apparente, quoique celle-ci n'ait qu'une exactitude très contestable, comme nous l'avons montré, parce que, dans l'essai de traction du rivet, c'est la seule qu'il soit possible de mesurer. On peut ainsi comparer à la fois la limite élastique apparente du rivet avec les limites élastiques vraie ou apparente du métal.

Le but de ces essais n'est d'ailleurs pas de chercher une valeur absolument exacte, mais suffisamment approchée pour permettre de dégager un enseignement général utile au point de vue industriel; il est d'ailleurs évident, étant données la complexité des phénomènes et la quantité des variables, qu'en réitérant les essais, on trouverait pour chacun d'eux des chiffres plus ou moins différents ; l'important est que les écarts ne soient pas assez élevés pour laisser des doutes qui empêcheraient de dégager avec certitude cet enseignement général.

Dans la troisième colonne sont indiqués les résultats minima et maxima des essais de traction effectués sur la série de 8 à 10 rivets de chaque échantillon de métal.

Enfin, dans la dernière colonne, est signalé l'emplacement où s'est produite la rupture.

ESSAIS DE TRACTION DES RIVETS FABRIQUÉS AVEC LES MÉTAUX N°s 1 A 6 (P. 107)

Numéros.	Métal		Rivets.		Emplacements des ruptures.
	vierge.	dérivé.	kil.	kil.	
1. Fer de Suède mixte :					
Limite élastique vraie . . .	16,45	26 »	»	»	Dans la tête ou dans la rivure.
— apparente.	21,70	32,20	29 » à 33 »		
Résistance à la rupture. . .	33,60	43,40	35 » à 37,5		
2. Acier doux (marine) :					
Limite élastique vraie . . .	19,50	26 »	»	»	Dans le fût.
— apparente.	27,30	30 »	34,80 à 37,75		
Résistance à la rupture. . .	35,70	43,40	44 » à 47,15		

Numéros.	Métal		Rivets.		Emplacements
	vierge.	dérivé.	kil.	kil.	des ruptures.
3. Acier doux (construction) :					
Limite élastique vraie . . .	23,10	34,55	»	»	
— apparente.	28 »	39,20	42 » à 43,65		Dans le fût.
Résistance à la rupture. . .	45,50	55,30	54,70 à 56,60		
4. Acier nickel 3 p. 100 :					
Limite élastique vraie . . .	27,50	40 »	»	»	
— apparente.	35 »	44,80	44,40 à 47 »		Dans le fût.
Résistance à la rupture. . .	44,10	57,40	56 » à 59,50		
5. Acier demi-dur (marine) :					
Limite élastique vraie. . .	24,50	40 »	»	»	
— apparente.	32,90	39,20	47 » à 52,70		Dans le fût.
Résistance à la rupture. . .	49 »	65 »	67,80 à 70,50		
6. Acier nickel 5 p. 100 :					
Limite élastique vraie. . .	30 »	53,20	»	»	
— apparente.	38,50	59,50	45,20 à 49 »		Dans le fût.
Résistance à la rupture. . .	49,70	72,80	64 » à 68 »		

A l'inspection de ce tableau, on constate :

1° Que les rivets en fer de Suède misé, qualité mixte, c'est-à-dire avec des mises à nerf et des mises à grain, se sont tous rompus dans la tête ou dans la rivure, et que la résistance à la rupture n'a été que de 35 kilogrammes à 37, 5 kilogrammes, inférieure à la résistance du métal après dérivetage, qui est de 43,40 kilogrammes.

2° Que les rivets confectionnés avec les cinq aciers différents se sont tous rompus dans le fût, sous un effort s'écartant peu de la résistance à la rupture du métal après dérivetage.

3° Que la limite élastique à la traction des rivets confectionnés avec les cinq aciers différents est généralement supérieure à celle qui a été trouvée pour le métal après dérivetage.

Cette augmentation assez sensible de la limite élastique des rivets, comparée à la limite élastique du métal après dérivetage, est due à la pression latérale des tôles sur la périphérie du fût; comme nous l'avons vu, il y a, au collet du rivet, surtout lorsque la pression a été maintenue après l'écrasement de la rivure, une déformation élastique des tôles; mais dès que l'allongement du fût, sous l'effort de traction, en a fait diminuer le diamètre, cette augmentation de résistance disparaît avec la cause.

La divergence constatée entre la résistance à la rupture du rivet en fer misé et la résistance du même métal après dérivetage, m'a engagé à effectuer de nouveaux essais avec des fers misés de différentes qualités.

J'ai donc fait de nouveaux essais de traction sur des rivets posés avec les fers n°ˢ 8, 9, 10 et 11 (tableau page 107).

Le tableau ci-dessous, donne les résultats de ces essais complémentaires.

ESSAIS DE TRACTION DES RIVETS FABRIQUÉS AVEC LES FERS Nᵒˢ 8, 9, 10 ET 11 (P. 107.

Numéros.	Métal		Rivets.		Emplacements
	vierge.	dérivé.	kil.	kil.	des ruptures.
8. Fer du commerce mixte :					
Limite élastique vraie. . .	23,30	27 »	»	»	Dans la tête ou
— apparente.	26,30	33,30	32 » à 33 »		dans la rivure.
Résistance à la rupture. . .	40 »	44,20	35 » à 41 »		
9. Fer du commerce à nerf :					
Limite élastique vraie. . .	20 »	34,50	»	»	Dans la tête ou
— apparente.	23 »	41,60	24,50 à 28,30		dans la rivure.
Résistance à la rupture . .	34 »	45,90	28,30 à 37 »		
10. Fer de Suède à grain fin :					
Limite élastique vraie . . .	17 »	18,60	»	»	Dans le fût.
— apparente.	24,20	24,60	27 » à 31 »		
Résistance à la rupture . .	32,30	36,50	38 » à 40 »		
11. Fer de Suède à grain fin :					
Limite élastique vraie . . .	12,70	18,33	»	»	Dans le fût.
— apparente.	22,10	25,50	29 » à 33 »		
Résistance à la rupture. . :	29,80	34,90	42 » à 44 »		

On constate :

1º Que les rivets en fer mixte nº 8 et en fer à nerf nº 9 se sont comportés comme les rivets en fer mixte nº 1, c'est-à-dire que la rupture s'est effectuée dans la tête ou dans la rivure et avec une charge inférieure à la charge de rupture du métal après dérivetage, et d'autant plus inférieure que le métal est plus à nerf.

La rupture dans la tête ou dans la rivure des rivets fabriqués en fer à nerf, sous un effort sensiblement inférieur à la résistance à la traction du fût, indique que, dans ce cas particulier, on est en présence d'un phénomène qui nécessite une étude spéciale.

2º Que les rivets en fers à grain nᵒˢ 10 et 11 se sont comportés comme les rivets en acier, c'est-à-dire que la rupture s'est effectuée dans le fût, avec une charge supérieure à celle du métal après dérivetage.

Le fer à grain, *sous réserve de la fragilité*, est donc préférable au fer à nerf, pour la confection des rivets.

RUPTURE DE LA RIVURE PENDANT LE RIVETAGE DES LONGS RIVETS EN FER A NERF

La première constatation que les rivets en fer mixte ou à nerf se rompent tous dans la tête ou dans la rivure, sous un effort sensiblement inférieur à la résistance à la rupture du métal après dérivetage, explique la rupture des rivures pendant le rivetage des longs rivets en fer, alors que les rivets en acier, de même longueur, résistent bien.

Edwin Clark a signalé, il y a soixante ans, cette rupture des longs rivets en fer, à propos de la construction des poutres en tôle et bois, destinées à supporter les presses hydrauliques des ponts tubulaires de Conway. Les rivets de ces poutres avaient 30 centimètres de longueur et, dans presque tous, la rivure tombait en se refroidissant; on ne parvenait à détruire cet effet qu'en jetant de l'eau sur la tige des rivets avant de les mettre en place. Love (1), en rapportant ce fait, ajoute :

« Il semblerait pourtant qu'il n'y a pas de raison pour que l'effet en question se manifeste plutôt dans un long rivet que dans un court, puisque dans les deux cas l'effort est le même. »

Le retrait du fût du rivet est proportionnel à la température de chauffage à la pose et à la longueur du rivet; plus le rivet est long, plus le retrait est grand à température égale; si le métal du rivet est de résistance égale dans la tête, la rivure et le fût, c'est le fût qui s'allongera pendant le refroidissement, parce que, comme nous le verrons en étudiant les dimensions des têtes et des rivures, celles-ci sont calculées pour offrir une résistance totale supérieure à celle du fût; le raccourcissement par suite du retrait s'opérera sur toute la longueur chauffée du fût du rivet et l'allongement du fût sera, par unité de longueur, proportionnel à la température et très inférieur à la limite de ductilité du métal.

Ainsi un rivet qui serrera une épaisseur de métal à river de 100 millimètres, aura, en admettant que la température T corresponde à 1 200° et que la dilatation à cette température soit de 1,2 p. 100 comme on l'admet d'habitude en chiffres ronds, un retrait de 1^{mm},2, ce qui occasionnera par le refroidissement un allongement maximum de 1,2 p. 100.

Si le rivet a une longueur de 20 centimètres, 30 centimètres de serrage, et qu'il soit chauffé à cette température T, dans toute sa longueur, le retrait total sera de 2^{mm},4, ou 3^{mm},6, ce qui fera toujours 1,2 p. 100 d'allongement du fût.

Or des rivets en acier doux m'ont donné, après rupture par traction, un allongement total de 20 millimètres à 23 millimètres par 100 millimètres de serrage; il est donc possible d'allonger le fût de tels rivets de 1^{mm},2 sans craindre la rupture.

Mais si la tête et la rivure ont une résistance moindre que le fût, c'est la partie la plus faible qui seule supporte tout l'allongement; or, cet allongement total est réparti sur une faible longueur à la base de la rivure ou de la tête, ce qui dépasse la capacité de ductilité du métal; il y a alors rupture, et le seul

(1) G. H. Love, *Des diverses résistances et autres propriétés de la fonte, du fer et de l'acier*, etc. Paris, 1859, p. 191.

moyen d'éviter cette rupture est de faire subir un moindre allongement en réduisant la longueur chauffée du fût du rivet, c'est bien ce que les ouvriers d'Edwin Clark ont été conduits à faire. Mais à employer ce procédé de refroidissement, il y a un grave inconvénient, c'est de produire dans certaines parties du rivet une déformation pendant que le métal est dans la zone dangereuse comprise entre 200° et 450°, zône que l'on désigne souvent par la couleur bleue qui en est à peu près le milieu.

Or si le long rivet est refroidi sur une partie de sa longueur pour ne laisser suffisamment chaud que ce qui est nécessaire pour effectuer le rivetage, il s'ensuit qu'une partie du fût est à cette température de 200° à 450°, et que l'effort de compression, surtout si le rivetage est fait au marteau par chocs successifs, produira une déformation dans cette partie du fût à la température critique, et rendra cette partie de métal très fragile après le rivetage.

On sait que, dans les rivetages ordinaires, des têtes de rivets en fer et en acier se rompent brusquement sous l'effet du choc des marteaux lorsque ces rivures sont forgées à la température dite du bleu, en réalité de 200° à 450°.

Pour éviter, au moins dans une certaine mesure, la rupture des rivures par retrait des rivets en fer à nerf, tout en conservant le chauffage sur toute la longueur du fût pour échapper à la fragilité par déformation pendant le bleu, il suffit de fraiser l'entrée des trous du rivet, du côté de la rivure, en ayant soin de donner à la fraisure d'autant plus d'importance, surtout en longueur, que le rivet est plus long; par ce procédé, on augmente la longueur de la partie de la rivure qui doit supporter l'allongement total du retrait et, par conséquent, on en diminue l'importance par unité de longueur. Nous verrons d'ailleurs l'importance du congé à propos de la forme des têtes et rivures.

ASPECT DES CASSURES DES RIVETS

Les cassures des rivets ont des aspects différents suivant les modes de rupture que nous avons indiqués.

Avec les rivets en fer à nerf, l'effort de traction longitudinale opéré statiquement ou par choc produit une rupture dans la tête ou dans la rivure; l'aspect de la cassure est fibreux; la figure 136 montre cette cassure fibreuse vue du côté de la tête, et la figure 137, vue du côté du fût.

Les figures 138 et 139 montrent des coupes par l'axe pour faire apparaître la rupture. Avec les rivets en fer à grain qui se rompent dans le fût et les rivets en acier doux, la rupture est analogue à celle qu'on obtient sur une éprouvette du même métal, soumise à la traction : le fût s'allonge plus ou

8

moins, il se produit une striction au milieu de laquelle s'effectue la cassure
(fig. 140).

Avec les rivets en acier demi-dur, qui n'ont pas été trop chauffés
au moment de leur pose, la cassure est semblable à celle des rivets en

Fig. 136. — Cassure dans la tête d'un rivet   Fig. 137. — Cassure dans la tête
en fer à nerf (vue du côté de la tête).   d'un rivet en fer à nerf (vue du
                                                   côté du fût).

Fig. 138-139. — Rivets en fer à nerf, rompus dans la tête à l'essai de traction.

acier doux, mais naturellement avec un allongement un peu moindre du fût.

Si ces rivets en acier demi-dur ont été chauffés à 1 200° ou 1 300°, comme
cela arrive généralement, le métal est détérioré, l'allongement est beaucoup
moindre et il n'y a pas de striction (fig. 141).

Ces rivets sont alors fragiles et se cassent en service, sous de faibles chocs.

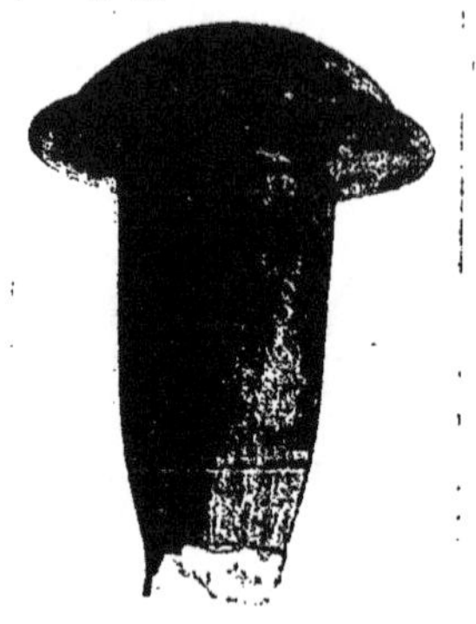

Fig. 140. — Cassure d'un rivet en acier
après allongement et striction du fût.

Fig. 141. — Cassure d'un rivet
en acier demi-dur trop chauffé.

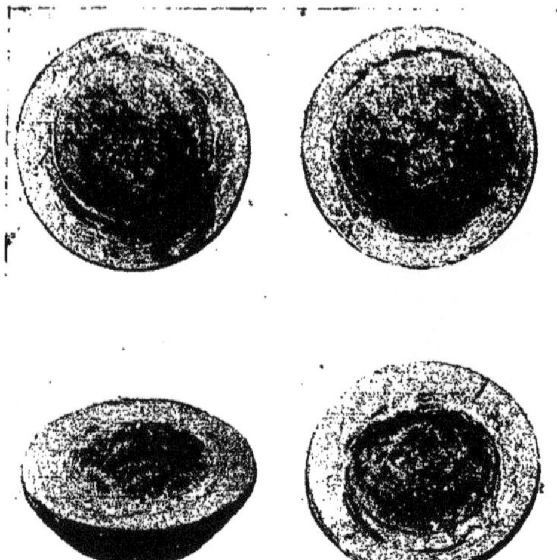

Fig. 142. — Cassures des rivets en fer par fragilité du métal après déformation pendant *le bleu*.

La figure 142 montre la cassure de rivets en fer devenus fragiles après déformation pendant le bleu.

ÉTUDE DE LA RUPTURE SPÉCIALE AUX TÊTES ET RIVURES DE RIVETS EN FERS A NERF

Nous avons vu, par la grande différence de résistance d'un rivet en fer à nerf avec la résistance du même métal après dérivetage, qu'il y avait une détérioration sensible du métal. Ainsi, le rivet fait avec du fer à nerf N° 9, tableau page 111, n'avait pour limite élastique que 24,50 à 28,30 kilogrammes par millimètre carré, et 28,30 kilogrammes à 37 kilogrammes pour résistance à la rupture, alors que le métal après dérivetage avait une limite élastique de 41^{ks},60 et une résistance à la rupture de 45,90. — Tout en tenant compte de l'hétérogénéité du fer, il faut bien reconnaître que cette différence, plus ou moins grande, mais toujours très sensible, n'est pas un fait accidentel; nous sommes en présence d'une détérioration du métal qui n'existe pas dans les rivets en acier, ni même dans les rivets en fer à grain.

Il est donc nécessaire d'étudier cette rupture spéciale pour connaître la cause du manque de résistance des têtes et rivures de rivets en fer à nerf.

J'ai découpé dans la partie médiane de rivets en acier, en fer à nerf, en fer mixte, des petites lamelles plates de 2 à 3 millimètres d'épaisseur et j'ai effectué le cisaillement des deux ailettes en posant celles-ci sur des coussinets trempés et en tirant sur la partie prismatique, provenant du fût.

Les figures 143 à 148 montrent les déformations successives obtenues dans un cisaillement ainsi effectué sur une lamelle prise dans le milieu d'un rivet en acier doux et dont la surface a été polie pour permettre de constater les déformations par l'apparition des ligne de Lüders.

Dans cet essai de traction, il ne pouvait y avoir rupture dans la partie prismatique provenant du fût quoiqu'elle ait une largeur de 25 millimètres et que les deux ailettes aient chacune 12 millimètres de hauteur ce qui fait 24 millimètres pour la somme des deux, parce que la résistance au cisaillement d'un métal est de beaucoup inférieure à celle de sa résistance à la traction.

J'ai fait le même essai de traction sur deux lamelles prises dans deux rivets en acier doux, l'un sans congé, l'autre avec congé; les figures 149 et 150 montrent les résultats obtenus.

Des lamelles semblables, prises, cette fois, dans des rivets faits les uns à la riveuse, les autres au marteau à main, mais en fer à nerf et en fer mixte, ont donné, après essais de traction, les ruptures représentées par les figures 151 à 158.

Ces expériences montrent que, dans le cisaillement des ailettes par traction, la rupture se fait *suivant le plan de cisaillement* dans les lamelles provenant de rivets en acier et *suivant les surfaces de schistosité* produites par la superposition des mises dans les lamelles provenant de rivets en fer à nerf.

En résumé, la schistosité du métal produit une localisation plus ou moins

importante de la déformation sous l'effet de compression de la bouterolle ou
du marteau: le métal est détérioré dans ces parties, et la résistance est d'autant

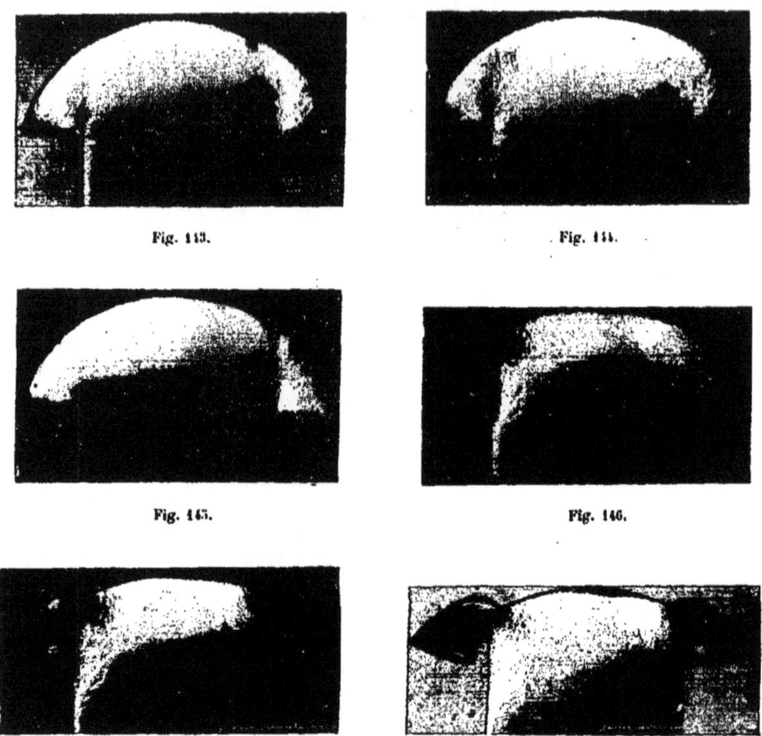

Fig. 143.   Fig. 144.

Fig. 145.   Fig. 146.

Fig. 147.   Fig. 148.

Fig. 143 à 148. — Déformations successives produites par cisaillement sous un effort de traction,
d'une lamelle prise au milieu d'un rivet en acier doux.

moindre que le métal est plus à nerf; car lorsqu'une partie est à grain, la
déformation se généralise.

Maintenant que nous connaissons la cause de la détérioration du métal, il
faut mesurer son importance par la diminution de résistance vive du métal dans
la tête et la rivure des rivets en fer à nerf.

On remarque, à l'inspection des figures 136 à 139 et 151 à 158, que, dans

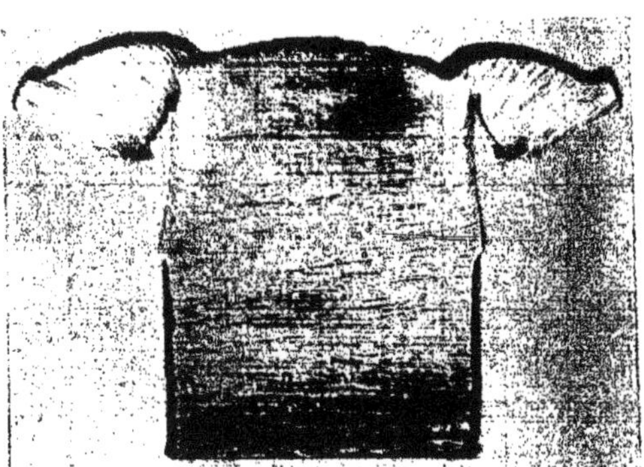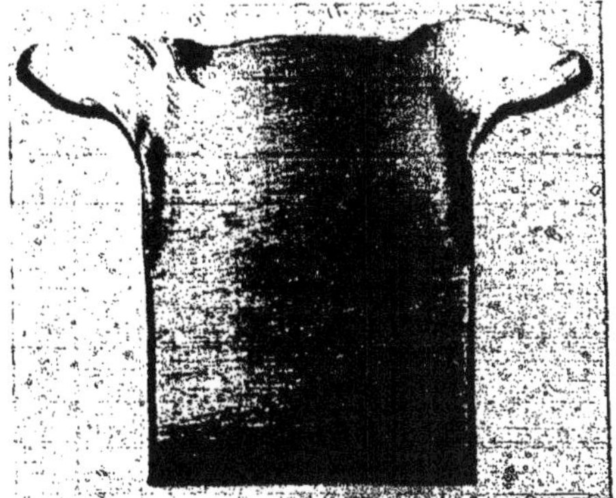

Fig. 149.

Fig. 150.

Fig. 149 et 150. — Déformations produites par le cisaillement sous l'effort de traction, de deux lamelles prises dans deux rivets en acier doux, l'un sans congé, l'autre avec congé.

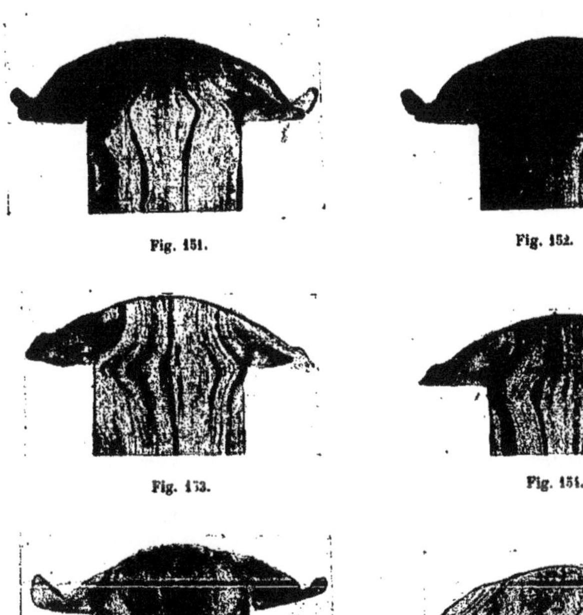

Fig. 151.

Fig. 152.

Fig. 153.

Fig. 154.

Fig. 155.

Fig. 156.

les rivets en fer à nerf, la rupture de la tête ou de la rivure commence à la périphérie du fût, à fleur de la tête ; il est donc indiqué, pour essayer le métal dans cette partie, d'opérer par flexion sur des petites éprouvettes dont le milieu correspond à cette partie faible du rivet.

L'épaisseur des têtes : 12 millimètres, étant trop faible pour me permettre d'extraire des éprouvettes prismatiques habituelles pour la flexion, j'ai allongé les têtes destinées à ces essais, en creusant dans le fond de la bouterolle un trou de 25 millimètres de diamètre et d'une profondeur de 4 à 5 millimètres. les têtes ont eu alors la forme représentée figure 159. Une coupe dans une

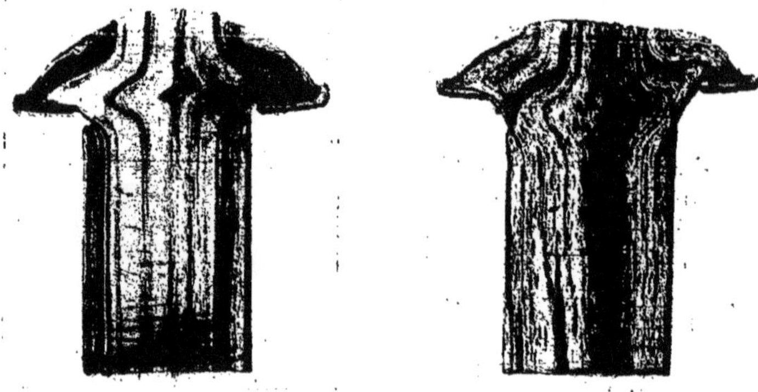

Fig. 157.   Fig. 158.

Fig. 151 à 158. — Formes des ruptures sous l'effet de traction de lamelles prises dans le milieu de rivets en fers à nerf.

tête ainsi forgée (fig. 160) montre après attaque que l'arrangement des fibres est identique à celui qu'on trouve dans la tête habituelle du rivet en fer usé.

J'ai pu alors facilement découper, dans chaque tête ainsi forgée, deux éprouvettes prismatiques de 10×8 de section et de 30 millimètres de longueur, et essayer une de ces éprouvettes au pliage statique et l'autre au choc.

Les figures 161 et 162 montrent ces éprouvettes après essais, les débris ayant été remis en prolongement l'un de l'autre pour permettre de voir la rupture.

J'ai pris ensuite des éprouvettes de dimensions semblables dans le fût des mêmes rivets, et immédiatement au-dessous des précédentes, par conséquent là où le métal n'a pas été refoulé sensiblement, et j'ai pu, en comparant les résultats des essais des éprouvettes prises dans la tête avec ceux des éprouvettes prises dans le fût, constater la différence de qualité du métal dans ces deux parties.

Aucune de ces éprouvettes n'a été entaillée; et dans les essais de pliage,

Fig. 159. — Tête de rivet à la machine, de forme spéciale pour permettre d'en extraire des éprouvettes de pliage.

Fig. 160. — Attaque d'une coupe de cette tête de forme spéciale, montrant la similitude d'arrangement des fibres, au moins au collet, avec celui des rivets habituels.

Fig. 161-162. — Éprouvettes prises dans ces têtes de forme spéciale et rompues au pliage.

c'est toujours la surface extérieure, c'est-à-dire la périphérie du rivet qui a été mise en tension dans la flexion.

Pour effectuer les mêmes expériences sur le métal de rivets fabriqués au marteau, j'ai dû augmenter la hauteur de la tête et lui donner la forme particulière (fig. 163) pour me permettre d'en extraire, comme précédemment, les éprouvettes prismatiques destinées aux essais de pliages. Ces têtes n'ont pas été bouterollées, la surface extérieure de la tête n'étant pas à étudier.

La figure 164 montre l'arrangement des fibres dans une tête ainsi forgée au marteau à main ; on constate qu'il est identique à celui qu'on trouve dans les

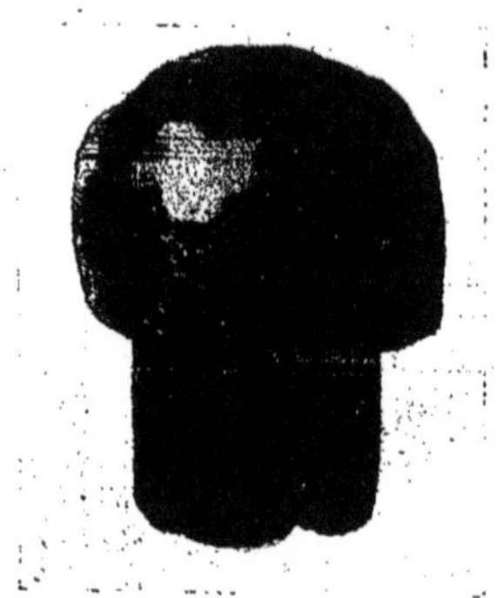

Fig. 163. — Tête de rivet forgée au marteau à main et de forme spéciale pour permettre d'en extraire des éprouvettes de pliage.

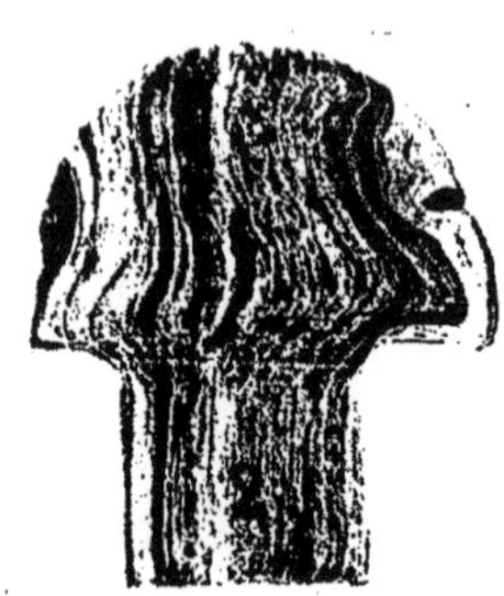

Fig. 164. — Attaque d'une coupe de cette tête de forme spéciale, montrant la similitude d'arrangement des fibres, au moins au collet, avec celui des rivets habituels.

têtes habituelles de rivets en fer misé, forgées au marteau, au moins dans la partie du collet, la seule qui nous intéresse pour ces essais.

Les résultats des essais de pliage statique et de pliage au choc sur les éprouvettes prises ainsi qu'il vient d'être expliqué, sont réunis dans les deux tableaux suivants :

Rivetage au marteau à main.

TABLEAU DES RÉSULTATS DES ESSAIS DE PLIAGES SUR ÉPROUVETTES NON ENTAILLÉES

Numéros.	Nature du métal.	Essais subis.	Éprouvettes prises dans le fût en kgm.	Éprouvettes prises dans la tête en kgm.
9.	Fer du commerce, à nerf. . .	Pliage statique.	17	2
		— au choc.	4	4
8.	Fer du commerce, mixte, partie à nerf.	Pliage statique.	$26 + x$	9
		— au choc.	32	8
8.	Fer du commerce, mixte, partie à grain.	Pliage statique.	28	21
		— au choc.	30	6
11.	Fer de Suède, à grain.	Pliage statique.	28	$28 + x$
		— au choc.	28	38
3.	Acier doux.	Pliage statique.	$33 + x$	$33 + x$
		— au choc.	50	$40 + x$

Rivetage à la machine.

TABLEAU DES RÉSULTATS DES ESSAIS DE PLIAGES SUR ÉPROUVETTES NON ENTAILLÉES

Numéros.	Nature du métal.	Essais subis.	Éprouvettes prises dans le fût en kgm.	Éprouvettes prises dans la tête en kgm.
1.	Fer de Suède, mixte.	Pliage statique.	$34 + x$	9
		— au choc.	35	6
8.	Fer du commerce, mixte. . .	Pliage statique.	23	1
		— au choc.	6	1
9.	Fer du commerce à nerf . . .	Pliage statique.	24	4
		— au choc.	22	4
12.	Fer du commerce, mixte . . .	Pliage statique.	27	1
		— au choc.	26	1
11.	Fer de Suède, à grain.	Pliage statique.	28	$27 + x$
		— au choc.	28	32
2.	Acier extra doux.	Pliage statique.	$29 + x$	$34 + x$
		— au choc.	38	60
3.	Acier doux.	Pliage statique.	32	32
		— au choc.	60	60
4.	Acier à 3 p. 100 de nickel. . .	Pliage statique.	$35 + x$	$40 + x$
		— au choc.	52	60
5.	Acier demi-dur	Pliage statique.	$42 + x$	26
		— au choc.	50	24
6.	Acier à 5 p. 100 de nickel. . .	Pliage statique.	43	45
		— au choc.	47	54

A l'inspection de ces deux tableaux, on constate, aussi bien dans le rivetage au marteau que dans le rivetage à la machine, que pour les rivets en fer misé, les éprouvettes prises dans la tête ont une résistance vive très inférieure à celle des éprouvettes prises dans le fût; il y a donc détérioration du métal par refoulement des mises superposées, ce qui explique la rupture suivant les surfaces de schistosité.

Seul le fer de Suède n° 11, à grain, s'est comporté, dans les deux genres de rivetage, comme les aciers; on constate, en effet, que pour ces métaux la résistance vive du métal à fleur de la tête du rivet est la même que pour le métal pris dans le fût.

La distinction de fer à grain et de fer à nerf est faite, non pas d'après l'aspect de la cassure du métal, mais d'après celui de l'attaque à l'acide de la surface d'une coupe de ce métal. Ce système d'attaque, appliqué aux fers misés, montre les mises superposées, tantôt très nettement séparées (c'est ce que j'ai appelé le fer à nerf), tantôt peu distinctes, avec un aspect général analogue à celui de l'acier. La cassure de ces fers donne souvent des indications très différentes de ce que ferait prévoir l'attaque. Ainsi, un métal à nerf, c'est-à-dire à mises superposées apparentes, pourra donner une cassure à grain, s'il est fragile, et un métal paraissant à grain d'après l'aspect de l'attaque pourra montrer une cassure à nerf, s'il n'est pas fragile.

Il est bien entendu que la fragilité du métal des rivets ne peut être tolérée dans aucun cas, qu'il s'agisse de fers ou d'aciers.

Or les fers de qualité analogue à celui du fer de Suède n° 11 qui a servi à ces essais, c'est-à-dire à grain d'après l'aspect de l'attaque et non fragiles, donc à nerf à la cassure par choc sur éprouvettes entaillées, seuls fers susceptibles d'être employés dans la fabrication des rivets, sont d'un prix très élevé, double de celui des aciers doux; ils sont de plus en plus rares dans le commerce, parfois hétérogènes, et la confusion avec des fers fragiles est facile, si l'on n'a pas soin de multiplier les essais de choc sur éprouvettes entaillées; en résumé, il y a tout avantage, au point de vue de l'économie, de la commodité et de la qualité, à employer l'acier de préférence aux fers, qui, dans les meilleures conditions, ne peuvent rivaliser avec les aciers extra-doux non fragiles que les aciéries produisent maintenant d'une manière courante.

<h3 style="text-align:center">RÉSISTANCE VIVE DES RIVETS</h3>

Nous avons vu (page 108) à propos de la résistance des rivets soumis à un effort de traction longitudinale, qu'il y avait intérêt à tenir compte non seulement de l'effort sous lequel se produira la déformation permanente, mais encore de la quantité de travail qui sera nécessaire pour produire la rupture du rivet, en cas d'accident.

Il y a à considérer la résistance vive statique donnée par la surface du diagramme de l'essai de traction jusqu'à rupture des rivets et la résistance vive dynamique mesurée par le travail au choc, nécessaire pour rompre les mêmes rivets.

Résistance vive statique des rivets: — (Rivets de 25 millimètres de diamètre serrant 100 millimètres d'épaisseur.)

1° Le rivet en fer du commerce, à nerf, n° 9, se rompt sous un effort, maximum de 18 tonnes, après un allongement d'environ 1 à 2 millimètres, soit un travail d'environ 36 kilogrammètres.

2° Le rivet en fer de Suède à grain, n° 11, se rompt sous un effort maximum de 20 à 22 tonnes, après un allongement de 16 à 33 millimètres, soit un travail d'environ 320 à 600 kilogrammètres; la résistance vive est ainsi très variable à cause de l'hétérogénéité du métal.

3° Le rivet en acier doux, n° 2, se rompt sous un effort de 22 à 24 tonnes, après un allongement de 20 à 23 millimètres, soit un travail de 440 à 550 kilogrammètres.

4° Le rivet en acier à 3 p. 100 de nickel, n° 4, se rompt sous un effort de

28 à 30 tonnes, après un allongement de 22 à 24 millimètres, soit un travail de 610 à 720 kilogrammètres.

5° Le rivet en acier demi-dur, n° 5, se rompt sous un effort de 34 à 35 tonnes, après un allongement de 15 à 17 millimètres, soit un travail de 510 à 600 kilogrammètres.

6° Le rivet en acier nickel 5 p. 100, n° 6, se rompt sous un effort de 32 à 35 tonnes, après un allongement de 15 à 18 millimètres, soit un travail de 480 à 600 kilogrammètres.

Lorsque, au chauffage, les rivets en acier demi-dur sont chauffés de 1 200 à 1 300° comme les aciers doux, — ce qui est malheureusement fatal dans la pratique industrielle, — leur résistance augmente aux dépens de la ductilité, ils deviennent fragiles, même statiquement ; un rivet ainsi chauffé a donné une résistance maximum de 44 tonnes (au lieu de 35 tonnes), mais la rupture s'est effectuée après un allongement de 4 millimètres, soit un travail de 170 kilogrammètres environ au lieu de 500 à 600 kilogrammètres obtenus avec un chauffage approprié.

Une éprouvette de pliage prise dans le fût de ce rivet a dépensé, après entaille préalable, un travail de 1 kilogrammètre, ce qui implique une fragilité excessive du métal détérioré par un chauffage un peu exagéré.

La figure 140 montre la cassure de ce rivet ; on voit qu'il n'y a pas eu de striction.

Résistance vive dynamique des rivets. — (Rivets de 25 millimètres de diamètre serrant 100 millimètres d'épaisseur.) J'ai effectué les essais de choc sur ces rivets, en utilisant un marteau du poids de 15 kilogrammes, tombant d'une hauteur de 4 mètres, ce qui produisait un choc de 60 kilogrammètres par coup de mouton.

Le rivet en fer à nerf, n° 9, s'est rompu au premier coup de mouton, ce qui était à prévoir, sa résistance vive statique n'étant que de 36 kilogrammètres. L'aspect de la cassure après rupture au choc est le même que celui de la cassure par traction statique (fig. 165) ; la cassure est fibreuse : il n'y a donc pas eu rupture par fragilité.

Le rivet en acier, n° 2, écrasé à la machine s'est allongé de 0 ^{mm},5 par coup de mouton ; il a fallu environ 50 coups pour obtenir la rupture.

Un autre rivet en acier, n° 2, écrasé avec le marteau à main, s'est comporté de la même façon (fig. 166) ; il faut en conclure qu'au point de vue de la résistance dynamique un rivet posé à la main, dans de bonnes conditions d'exécution, a la même résistance vive qu'un rivet posé à la machine ; l'avantage de la riveuse n'est réel qu'au point de vue du remplissage du trou.

Comme il est généralement admis que le rivet en acier posé au marteau à main est fragile, c'est-à-dire que la tête de la rivure d'un tel rivet se rompt au moindre choc, il est important d'insister sur cette dernière expérience qui

Fig. 165. — Rupture au choc
d'un rivet en fer.

Fig. 166. — Rupture au choc, d'un rivet
normal, en acier, rivé au marteau à
main.

Fig. 167. — Rupture au choc, d'un rivet à
tête surbaissée, en acier, rivé au marteau
à main.

montre que cette hypothèse est erronée. Quand les rivets en acier posés au marteau à main se rompent, c'est que l'acier est fragile; si les rivets en même métal

fragile, posés à la machine cassent moins au moment du rivetage, c'est que la riveuse agit sans choc, tandis que les coups de marteau sur les tôles font au contraire sauter les têtes des rivets voisins.

J'ai voulu voir, à ce point de vue, si l'épaisseur de la tête ou de la rivure n'avait pas une influence sur la rupture; j'ai fait poser un rivet en acier doux n° 2, au marteau à main, mais avec tête surbaissée, c'est-à-dire ayant une épaisseur moindre que celle qui est admise dans la construction des ponts, mais souvent employée dans la fabrication des chaudières.

La hauteur de tête étant moindre, la résistance vive au choc a été moindre; à chaque coup de mouton de 60 kilogrammètres, l'allongement était de $0^{mm},9$ et s'effectuait surtout dans la tête; néanmoins ce n'est qu'au neuvième coup de mouton que la rupture s'est produite, non pas suivant la section du fût, mais dans la tête, suivant un cône en continuation du cylindre du fût (fig. 167); ce rivet en acier à tête surbaissée, posé au marteau à main, n'était donc pas fragile.

RÉSISTANCE DES TÊTES ET RIVURES AU POINÇONNAGE ET AU CISAILLEMENT

Il peut être intéressant, sinon utile, de connaître la résistance des têtes et rivures à un poinçonnage par poinçon de même diamètre que celui du fût et opéré suivant l'axe du rivet.

Pour effectuer ces essais de poinçonnage, j'ai dû opérer sur des têtes de rivets préalablement sciées à fleur du fût, pour n'opérer que le poinçonnage de la tête, sans y ajouter la résistance opposée par le fût, résistance au frottement très variable avec les irrégularités du trou, l'épaisseur des pièces rivées, le remplissage plus ou moins parfait du trou, etc.

La figure 168 représente les diagrammes des essais de poinçonnage de têtes de rivets effectués avec le fer numéro 1 et les aciers numéros 3, 4 et 6.

Ces courbes permettent de déterminer l'effort maximum de poinçonnage et comme la surface de rupture est la même pour tous ces essais et égale à 950 millimètres environ, on en peut déduire l'effort par millimètre carré de la section découpée.

J'ai donné autrefois, pour la relation de l'effort maximum du poinçonnage et l'effort à la rupture par traction du métal poinçonné, les deux formules suivantes :

$$P = (T \times 0{,}65) + 5 \text{ kg.}$$
$$T = \frac{P - 5}{0{,}65}$$

dans lesquelles P est la pression maximum nécessaire pour effectuer le poinçonnage, et T est la résistance à la rupture à la traction du métal poinçonné.

L'application de ces formules, en se basant sur les efforts mesurés sur les diagrammes, montre l'exactitude de la relation trouvée antérieurement entre la résistance au poinçonnage et la résistance à la rupture par traction.

POINÇONNAGE DES TÊTES DE RIVETS

Nature du métal du rivet.	Effort maximum de poinçonnage		Résistance à la rupture traction.	
	total. Kg.	par mm². Kg.	calculée. Kg.	observée. Kg.
Fer nº 1	31 000	32,60	42,50	43,40
Acier nº 3	37 500	40,00	53,85	55,30
— 4	40 500	42,60	57,85	57,40
— 6	60 000	63,15	89,40	72,80

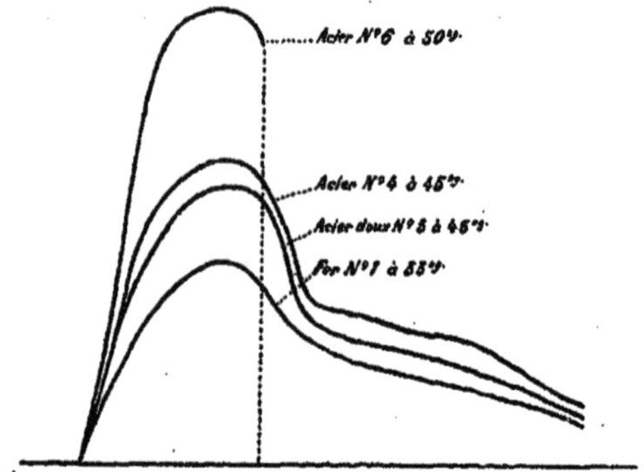

Fig. 168. — Diagrammes des essais de poinçonnage de têtes de rivets.

Le diagramme du poinçonnage de la tête de rivet en acier numéro 6 montre une rupture brusque, ce qui indique un manque de ductilité, alors que dans les essais mécaniques (tableau page 107), cet acier a, au contraire, fait preuve d'une ductilité très marquée, il faut en conclure que le rivet essayé au poinçonnage avait été trop chauffé et que sa résistance s'était accrue par ce fait, aux dépens de sa ductilité, ainsi que nous l'avons signalé (p. 124) à propos de la résistance vive des rivets, où un rivet semblablement trop chauffé a donné à la traction une résistance maximum de 44 tonnes, soit 88 kilogrammes par millimètre carré.

La figure 169 montre, après poinçonnage, les têtes des rivets et les débouchures.

J'ai ensuite, sur des têtes de divers rivets posés à chaud, effectué le cisaillement à l'aide d'une lame d'acier trempé, agissant à fleur de la tête et perpendiculairement à l'axe du rivet.

La figure 170 montre le phénomène de déformation du métal par ce cisaillement sur une tête de rivet en fer numéro 1.

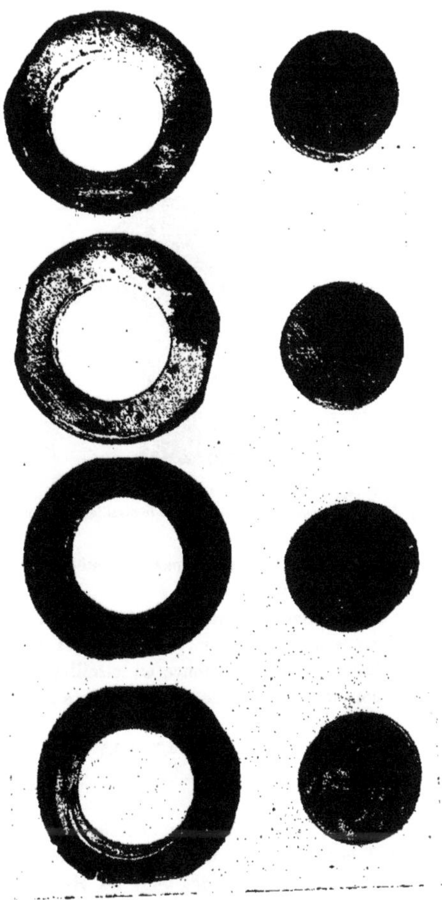

Fig. 169. — Têtes et débouchures après poinçonnage.

La figure 171 montre les diagrammes des cisaillements effectués sur des rivets en fers numéros 1 et 8 et en aciers numéros 2, 4 et 6.

Les efforts mesurés d'après ces diagrammes de cisaillements sont :

Nature du métal.	Effort de cisaillement.		Résistance à la traction par mm².
	total. Kg.	par mm². Kg.	Kg.
Fer n° 1	21 500	43	43,40
— 8	21 500	43	41,20
Acier n° 2	22 500	45	43,40
— 4	29 000	58	57,40
— 6	37 500	75	72,80

Fig. 170. — Déformation du métal dans le cisaillement d'une tête de rivet.

L'effort maximum de cisaillement par millimètre carré est donc le même que l'effort à la rupture par traction.

Or, dans le cisaillement ordinaire du métal effectué entre deux lames parallèles, la résistance maximum du cisaillement est environ la moitié de la résistance à la traction, cette résistance au cisaillement est assez exactement donnée en fonction de la résistance à la rupture à la traction par la formule suivante :

$$C = (T \times 0,35) + 6,5$$
$$\text{ou } T = \frac{(C - 6,5)}{0,35}$$

dans lequel C exprime en kilogrammes la résistance au cisaillement par millimètre carré et T la résistance à la traction (1). Cette formule n'est donc pas applicable au cas du cisaillement des têtes des rivets, et l'anomalie provient de ce que, dans le cas de cisaillement entre deux lames parallèles, celui-ci

(1) *Bulletin de la Société d'Encouragement*, septembre 1901.

9

s'effectue à la fois et également des deux côtés opposés attaqués par les lames, tandis que dans le cas de la tête du rivet, la surface de la tête en contact avec

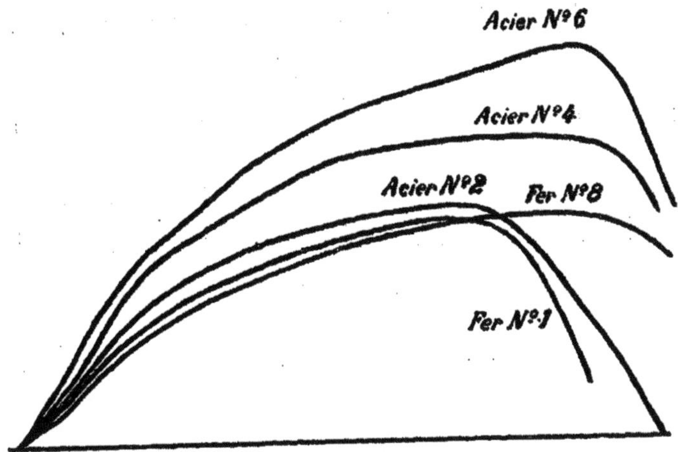

Fig. 171. — Diagrammes de cisaillement des têtes de rivets.

la lame est plus grande que la surface tranchée à la partie inférieure ; les phénomènes successifs du cisaillement sont différents de ceux du cisaillement ordinaire, ainsi qu'on le constate sur la figure 170 du rivet cisaillé.

FORMES ET DIMENSIONS DES TÊTES ET RIVURES

Dans la construction des ponts, on admet pour les têtes des rivets la forme de segment sphérique, aux dimensions suivantes :

D étant le diamètre du fût du rivet (fig. 172),

H est égal à $\dfrac{2D}{3}$

L est égal à $\dfrac{5D}{3}$

R est égal à 0,86 D.

Les rivures sont semblables aux têtes des rivets.

D'après ces données, les rivets ont les dimensions suivantes :

D mm.	R mm.	H mm.	L mm.	Section. mm².	Poids d'une tête. gr.
6	5,2	4	10	28,3	1,4
8	6,9	5,3	13,3	50,2	3,6
10	8,6	6,6	16,6	78,5	6,9

D mm.	R mm.	H mm.	t. mm.	Section mm².	Poids d'une tête gr.
12	10,3	8	20	113,1	11,7
13	12,9	10	25	176,7	23,1
16	13,8	10,6	26,6	201	28,1
18	15,5	12	30	254,3	44,6
20	17,2	13,3	35,3	314	55,6
22	18,9	14,6	36,6	380	76,2
25	21,5	16,6	41,6	491	108,5

Dans la construction des chaudières, j'ai constaté qu'on emploie souvent des têtes et rivures moins hautes, c'est-à-dire *surbaissées ;* la tête est alors plus plate, moins bombée. Il est donc utile de savoir dans quelles limites on peut faire varier cette hauteur, sans inconvénient pour la résistance du rivet.

Dans les constructions navales, les rivets ont à remplir des conditions spéciales ; ils ont donc des formes appropriées ; ainsi, pour donner une résistance suffisante à certains rivets dont la tête s'use facilement en service, on fraise profondément le bord du trou. Cette fraisure peut avoir des formes différentes ; il y a alors à tenir compte de la résistance respective des métaux en présence, métal de la pièce à river, des tôles, etc., et métal du rivet une fois posé. L'étude de la forme et des dimensions de ces rivets spéciaux entre plus particulièrement dans celle de la résistance des pièces rivées, étude déjà commencée et que je me propose de poursuivre.

HAUTEUR MINIMUM DES TÊTES ET RIVURES

Les essais de traction que nous avons effectués sur des rivets de dimensions normales, posés à chaud, nous ont montré que, lorsque le métal du rivet était du fer mise, la tête ou la rivure se rompait généralement au collet et que, dans les rivets en acier, la rupture se faisait dans le fût ; on doit en conclure que l'épaisseur des têtes de ces rivets est suffisante puisque, dans tous les cas, il n'y a pas eu arrachement dans l'intérieur de ces têtes.

J'ai donc été conduit à chercher de combien il était possible de surbaisser le segment sphérique de la tête du rivet, c'est-à-dire de combien il était possible de diminuer la hauteur H admise, égale à $\frac{2D}{3}$ (fig. 172).

Je n'ai effectué ces essais que sur le rivet de 25 millimètres de diamètre pour déterminer la hauteur minimum ; celle-ci, étant connue pour un diamètre de rivet, le devenait pour tous les autres rivets.

J'ai pris des rivets dont la tête avait la hauteur admise $H = \frac{2D}{3}$ et, sur le tour, j'ai successivement réduit cette hauteur de 16^{mm},5 en diminuant progressivement de demi-millimètre en demi-millimètre, et en évitant de faire varier sensiblement la plus grande largeur de la tête qui était de 11^{mm},5.

La surface de chacun de ces rivets en acier extra doux était polie préalablement pour me permettre de constater, par l'apparition des lignes de Lüders, le commencement de la déformation permanente à l'essai de traction.

C'est lorsque la hauteur de 16^{mm},5 a été réduite à 14 millimètres que la partie centrale s'est dépolie circulairement sous l'effet de la traction, la limite élastique a donc été atteinte et légèrement dépassée dans cette partie: mais cette partie centrale a suffisamment résisté, puisque la rupture s'est effectuée dans le fût, après que celui-ci se fut allongé de 23 millimètres pour une longueur initiale de 100 millimètres.

Avec une hauteur de 13^{mm},5 la partie circulaire, qui s'était seulement dépo-

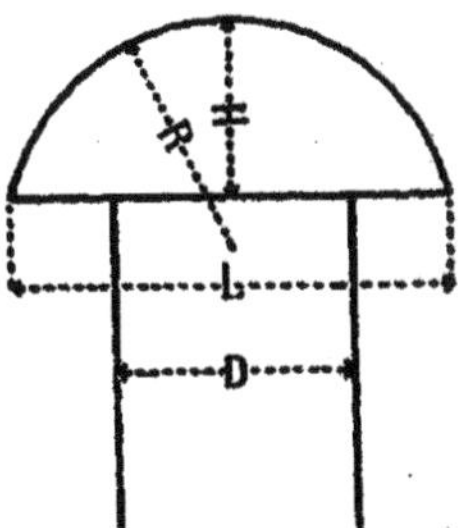

Fig. 172. — Dimensions des têtes de rivets.

lie dans l'essai précédent, s'est, cette fois, notablement affaissée et la rupture s'est faite dans le fût avec un allongement de 26 millimètres pour 100 millimètres de longueur initiale.

La hauteur de 14 millimètres doit donc être considérée comme un minimum, puisque à cette dimension la limite élastique du métal de la tête est atteinte, et qu'en dessous de cette hauteur, la déformation permanente acquiert de l'importance. La hauteur admise est donc rationnelle.

J'ai cependant continué cette diminution progressive de la hauteur de la tête pour voir comment s'effectuait la rupture dans la tête, lorsque celle-ci était d'une résistance inférieure à celle du fût.

A la hauteur de 12 millimètres, la rupture s'est effectuée dans la tête, sans cependant que cette hauteur soit très inférieure à celle qui serait nécessaire pour constituer un rivet d'*égale résistance*, car dans cet essai, le fût s'est allongé de 5 millimètres.

La figure 173 montre une coupe de ce dernier rivet après rupture à la traction. Cette coupe longitudinale par l'axe fait voir le mode de rupture dans

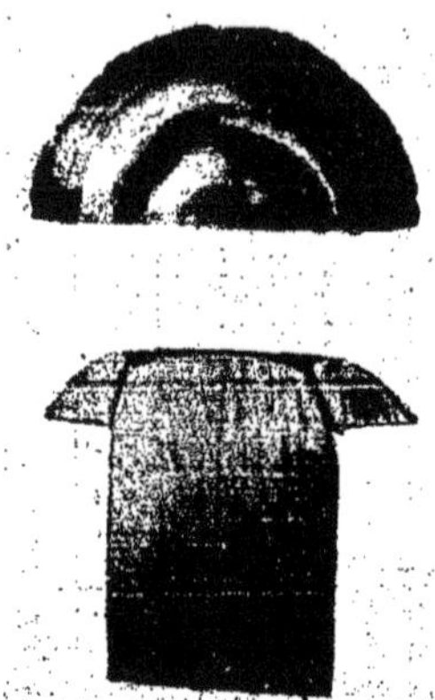

Fig. 173. — Coupe d'un rivet sans congé, à tête surbaissée, rompu dans la tête.

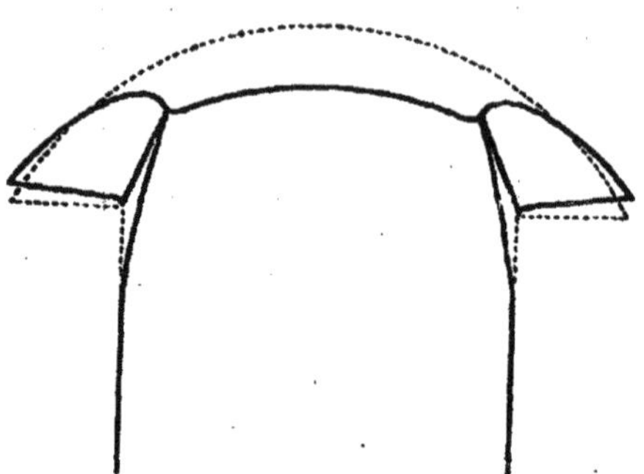

Fig. 174. — Tracés superposés des formes et dimensions initiales et finales d'un rivet normal, à tête surbaissée, rompu dans la tête (2 diamètres).

la tête et la vue en plan présente la déformation en cuvette de la partie extérieure de la tête.

Pour mieux représenter cette déformation ; j'ai, à l'aide de la photographie, obtenu un tracé des formes et dimensions initiales et finales, à une échelle double (fig. 174.).

INFLUENCE DU CONGÉ DANS LES TÊTES ET RIVURES

Nous avons vu que, dans les têtes et rivures des rivets en fer, il y avait intérêt à mettre un congé, pour répartir sur une plus grande longueur de métal l'allongement occasionné par le retrait.

Pour montrer l'importance de l'avantage obtenu dans l'allongement d'un rivet à congé, j'ai effectué, avec du fer n° 9 (tableau page 107) deux rivets, l'un sans congé et l'autre avec un congé d'environ 5 millimètres de rayon.

Aux essais de traction, les résultats ont été les suivants :

Rivet sans congé
- Limite élastique. . . . 28^{ks},30 par mm² de la section du rivet.
- Résistance maximum. . 36 kg.   —   —
- Allongement total. . . 3 mm. sur 100 mm. de serrage.

Rivet avec congé
- Limite élastique. . . . 31 kg. par mm² de la section du rivet.
- Résistance maximum. . 42^{ks},45   —   —
- Allongement total . . . 7^{mm},5 sur 100 mm. de serrage.

Dans le rivet avec congé, il y a donc eu une résistance vive presque triple de la résistance vive trouvée dans le rivet sans congé.

En outre la résistance maximum a été sensiblement plus élevée et très voisine de la résistance du fût indiquée au tableau page 107; il s'ensuit que, dans certains cas, des rivets, quoique fabriqués avec du fer misé, peuvent, à l'essai de traction, ne se rompre que dans le fût, lorsque les têtes et rivures sont munies de congés.

J'ai pu constater ce résultat en employant du fer de Suède mixte, mais contenant peu de parties misées.

Un rivet sans congé, fabriqué avec ce métal, s'est rompu par la traction à fleur de la tête, mais avec un allongement total de 16 millimètres pour 100 millimètres de serrage; le fût et les collets du rivet ont travaillé et se sont allongés; de par la constitution du métal, il y a eu une égale résistance.

Un rivet avec congé, fabriqué avec le même métal, s'est rompu dans le fût après un allongement de 28 millimètres par 100 millimètres de serrage.

Dans les deux cas, la résistance maximum a été à peu près la même, mais dans le rivet avec congé, la limite élastique a été un peu plus élevée, ce qui a permis à la tête de résister.

En résumé, le congé, dans le rivet en fer, augmente la limite élastique, la résistance, l'allongement et par conséquent la résistance vive; il y a donc intérêt à ménager des congés, dans les trous des rivets, chaque fois que ces derniers sont en fer.

Pour les rivets en acier, la résistance des têtes et rivures sans congé étant supérieure à celle du fût (puisque nous avons constaté que dans ces rivets, lorsqu'ils sont bien posés, la rupture se fait toujours dans le fût), il n'y a pas intérêt à augmenter cette résistance dans les rivets dont la tête et la rivure sont de dimensions normales.

Mais il peut se présenter des cas particuliers dans lesquels la tête et la rivure des rivets doivent être surbaissées, soit parce que, dès leur mise en service, ces rivets doivent peu dépasser la surface, soit que, par suite de leur emploi, ils subissent des frottements qui, par usure, en diminuent progressivement la hauteur; il y a donc lieu de chercher de combien cette hauteur peut être surbaissée lorsqu'on emploie le congé.

J'ai opéré comme précédemment, pour chercher le minimum de hauteur des têtes sans congé, c'est-à-dire qu'après avoir rivé des pièces avec le rivet de 25 millimètres de diamètre, en acier doux n° 2 (tableau page 107), sur le tour j'ai diminué la hauteur de la tête, sans diminuer sensiblement la largeur.

Dans ces essais successifs c'est à une hauteur de 12 millimètres au-dessus du plan supérieur des pièces rivées que la tête a montré des traces d'une déformation légère; la limite élastique, en cette partie, a été dépassée sur une surface circulaire de 30 millimètres de diamètre environ, mais la rupture par traction s'est effectuée dans le fût.

Avec des hauteurs de 11^{mm},5 et 11 millimètres, l'affaissement de la partie supérieure et centrale de la tête a été en augmentant, mais la rupture s'est encore effectuée dans le fût.

Avec une hauteur de 10^{mm},5 la rupture s'est effectuée dans la tête, mais le

Fig. 175. — Coupe d'un rivet avec congé, à tête surbaissée, rompu dans la tête.

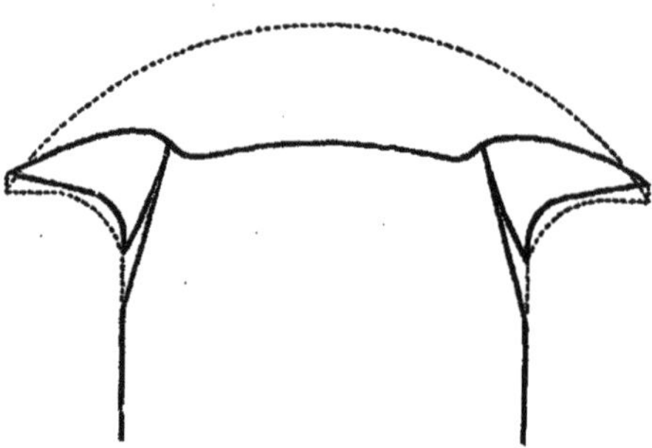

Fig. 176. — Tracés superposés des formes et dimensions initiales et finales d'un rivet à congé, à tête surbaissée, rompu dans la tête (2 diamètres).

fût a été sensiblement allongé, car, vers le milieu de sa longueur, son diamètre primitif de 26 millimètres a été réduit à 23^{mm},6.

Avec cette hauteur de tête de 10^{mm},5, ce rivet peut être considéré comme ayant donné une résistance à peu près égale dans toutes ses parties.

La figure 175 montre la photographie de la coupe après rupture par traction de ce rivet à congé avec tête surbaissée de 10^{mm},5 de hauteur.

La figure 176 montre les tracés superposés des formes initiales et finales à une échelle double.

En résumé, l'adjonction d'un congé de 5 millimètres de rayon a permis, dans ces rivets en acier, de réduire la hauteur de la tête de 2 millimètres de plus que dans les rivets en même métal, mais sans congé; et la hauteur de 12 millimètres peut être considérée comme un minimum; au-dessous de cette dimension, la tête n'a plus une résistance suffisamment supérieure à celle du fût.

En augmentant graduellement l'importance du congé, on peut diminuer la hauteur de la tête d'une quantité correspondante, ce qu'on obtient en pratique par l'emploi de rivets à têtes et rivures en forme de *goutte de suif* et, à la limite, on arrive au rivet à tête et rivure fraisées qui affleurent exactement la surface des pièces rivées.

CHAUFFAGE DES RIVETS

Comme nous l'avons vu, pour qu'un rivet puisse bien se refouler et le mieux possible remplir le trou, il faut qu'il soit chauffé dans toute sa longueur et

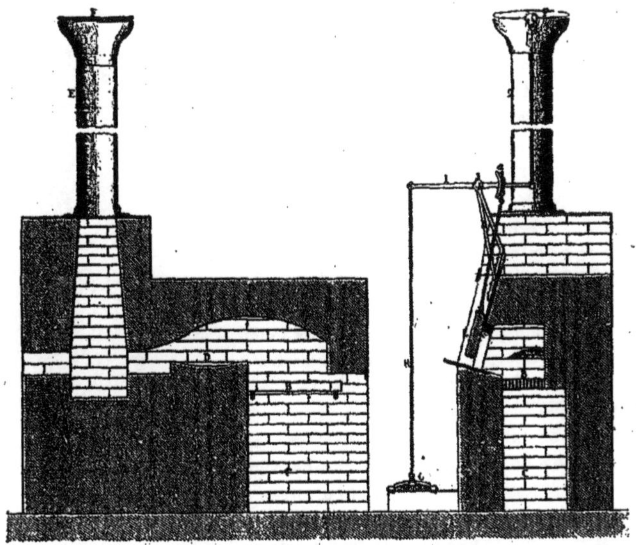

Fig. 177. — Four fixe pour rivets, construit par Lemaître en 1845.

bien également; quand il est inégalement chaud au moment de sa pose, il risque de devenir fragile par déformation « au bleu; » la plupart des fers et aciers étant plus ou moins sujets à cette fragilité.

Le seul procédé pour obtenir cette égalité de température dans toute la longueur des rivets, c'est de les chauffer sur sole dans des fours à réverbère. La figure 177 représente un de ces fours, construit en 1845 par le chaudronnier

Lemaître (1) pour le chauffage des rivets des chaudières qu'il construisait à La Chapelle, près Paris.

C'est sur le principe de ce four fixe qu'ont été construits la plupart des fours à réverbère portatifs.

Il est évidemment plus facile pour les ouvriers de transporter au fur et à mesure de leurs besoins, les petites forges portatives que les fours, plus lourds, plus encombrants; il est aussi plus commode de chauffer les rivets dans la forge, lorsqu'on n'en pose que quelques-uns à la fois, car l'allumage et la mise en température du four demandent un certain temps et une dépense appréciable de combustible; en outre, les ouvriers ont d'autant moins de peine à écraser un rivet qu'il est plus chaud dans la partie destinée à la rivure; aussi n'hésitent-ils pas à chauffer le plus possible la pointe des rivets, ce qui leur est très facile à la forge et au contraire, presque impossible au four à réverbère, dans lequel la température est moins élevée.

Cette habitude de chauffer à température très élevée leur fait brûler beaucoup de rivets, plus soucieux qu'ils sont de diminuer leur peine que de conserver la qualité du métal; certains ouvriers croient même qu'ils améliorent ainsi le métal, « en le soudant à lui-même », comme ils disent.

C'est aussi en brûlant la pointe d'un rivet trop long qu'ils le réduisent à la longueur suffisante, au lieu de prendre un autre rivet de longueur convenable ou de se donner la peine de rogner des rivets trop longs, s'ils n'en ont pas d'autres.

Fig. 178. — Rivet brûlé intentionnellement par l'ouvrier, pour en réduire la longueur à la dimension convenable.

La figure 178 est la photographie d'un rivet ainsi raccourci et que j'ai demandé au riveur, au moment où il le plaçait dans le trou pour le river.

Il est bien évident qu'il faut proscrire les fours à lanterne, petits fours à section rectangulaire ayant sur chacune de leurs quatre faces une ouverture pour le passage des rivets; le combustible, placé à l'intérieur, est soufflé comme dans une forge dont ce four ne diffère d'ailleurs que par la possibilité de chauffer à la fois plus de rivets; mais le résultat est aussi défectueux, car les rivets

(1) *Bulletin de la Société d'Encouragement*, 1845, p. 150, planche 954.

ne sont chauffés qu'à la pointe et sont aussi souvent brûlés qu'à la forge.

Il faut absolument exiger le chauffage sur sole en dehors du combustible, quels que soient les inconvénients de poids, de prix de revient de chauffage, etc., si l'on veut obtenir un rivetage de bonne qualité.

Il est d'ailleurs certain que le jour où les cahiers des charges exigeront l'emploi exclusif de ce genre de four, les spécialistes s'ingénieront à en construire de meilleurs que ceux qui existent actuellement.

DÉFAUTS DANS LES RIVURES ET LES RIVETS

J'ai toujours été frappé de la grande importance que les ingénieurs attachent, avec raison d'ailleurs, à la bonne exécution du rivetage, dans la construction des ponts comme dans la fabrication des chaudières, et j'ai généralement constaté la négligence des ouvriers dans l'exécution de ces rivetages.

M. E. Cornut écrivait en 1878, à propos des chaudières : « La rivure est d'une importance capitale au point de vue de la résistance des chaudières et de leur étanchéité. On ne saurait donc trop insister sur la nécessité d'obtenir des rivures bien faites. Il faut bien reconnaître que cette partie de la construction est quelquefois fort négligée. »

On sait, en effet, que des rivures mal exécutées sont souvent la cause de graves avaries de chaudières; les fuites entraînent des matages qui détériorent les tôles, et les ruptures des têtes ou rivures des rivets obligent, pour leur remplacement, à des arrêts de fonctionnement et à des réparations difficiles et coûteuses.

M. Collignon, dans un spécimen de cahier des charges pour ponts métalliques (1), ajoute comme indication générale à propos du rivetage :

« La nature des travaux de rivetage sera considérée comme étant exclusivement du genre de la construction des machines et exigeant la même rectitude de montage et d'assemblage, et non comme étant du genre des travaux de chaudronnerie. »

Il semble donc qu'il est utile de spécifier en détail toutes les conditions à remplir pour l'exécution d'un bon rivetage et de veiller ensuite à ce qu'en exécution, ces conditions soient bien remplies.

Ainsi j'ai vu un contrôleur devant lequel on posait des rivets brûlés sans qu'il fît la moindre observation, alors qu'il faisait couper des rivets auxquels il supposait le plus petit écart d'excentricité de la rivure, par rapport à l'axe du rivet. Or, on sait qu'en pratique, dans le rivetage à la machine comme dans le rivetage au marteau à main, la rivure est rarement dans l'axe du rivet, ce

---

(1) *Théorie élémentaire des poutres droites, ponts métalliques.* Paris, 1863, p. 125.

qui, en somme, surtout lorsque l'écart est faible, est sans inconvénient pour la qualité du rivet.

J'ai, en effet, essayé à la traction des rivets intentionnellement très couchés, et je n'ai pas trouvé de différence dans la résistance.

J'ai cru utile, pour terminer cette étude, de signaler quelques défauts que

Fig. 179. — Rivets brûlés.

l'on rencontre quelquefois, pour appeler l'attention des intéressés sur ces défectuosités et leur permettre de veiller pour les éviter

Nous avons déjà vu (fig. 15), l'effet sur les rivets d'un rapprochement insuffisant des tôles au moment du rivetage; le métal du rivet, en se renflant, fait naître autour du fût, dans la partie vide, un bourrelet qui empêche ensuite les

tôles de porter les unes sur les autres; il n'y a plus serrage des tôles par adhérence, il n'y a plus d'étanchéité possible.

La figure 89 nous montre des rivets cintrés et mâchés par suite de glisse-

Fig. 180.— Fragment d'une clouure de chaudière, effectuée au marteau à main
et dont tous les rivets ont eu leurs rivures couchées.

Fig. 181. — Rivure au marteau intentionnellement couchée dès le début du rivetage.

ments réitérés des tôles insuffisamment serrées les unes contre les autres;
là encore, les tôles ne résistent plus par adhérence.

La figure 178 montre un rivet brûlé intentionnellement pour en réduire la
longueur.

La figure 179 montre d'autres rivets brûlés au montage dont un cassé en service sur des ponts, des chaudières de locomotives, etc.

On a quelquefois reproché au rivetage mécanique de *coucher* plus ou moins les rivures; c'est encore une question de soin, car on peut, en plaçant la riveuse bien normalement à la pièce à river, réduire à une quantité négligeable l'excentricité des rivures.

Dans le rivetage à la **main**, l'ouvrier couche souvent intentionnellement la rivure, en inclinant la pointe du rivet par le premier coup de marteau donné obliquement, afin d'écraser la rivure avec un moindre nombre de coups de

Fig. 182. — Rivets trop courts et posés après avoir été étirés.

marteau; le métal se refoule moins ainsi à l'intérieur du trou, puisque, dès le début de l'écrasement, la rivure porte sur la face de la pièce à river; ce procédé est aussi employé lorsque le tas pour tenir coup est trop faible, insuffisamment arc-bouté, ou bien difficile à introduire à l'intérieur de la pièce à river.

La figure 180 montre un fragment de clouure de chaudière, effectuée au marteau à main et dans laquelle tous les rivets ont été couchés dès le début du rivetage.

La figure 181 est la photographie d'une rivure au marteau intentionnellement couchée dès le début du rivetage.

Nous avons vu que, lorsque le rivet est trop long, l'ouvrier, peu consciencieux, brûle la pointe pour le raccourcir; par contre, lorsque le rivet est trop court, il en étire le fût au marteau et en réduit ainsi la section; la figure 182 montre des rivets ayant ainsi été posés après avoir subi une sensible diminution de diamètre; des fuites en service les ont fait découvrir.

La figure 183 montre la rivure d'un rivet posé sur des tôles dont les trous ne se correspondaient pas: l'écart était trop grand pour être rattrapé par brochage : la pointe de la broche n'aurait pas pu pénétrer; l'ouvrier, peu soigneux, n'hésita pas à enlever le métal qui gênait au passage du rivet, à coup de bédane, de grain d'orge ou de gouge.

Quand des vides sont apparents, on les bouche avec du mastic, du plomb, etc.

J'ai vu, dans les bureaux d'ingénieurs chargés du contrôle au montage des

Fig. 183. — Rivure d'un rivetage de tôles dont les trous ne correspondaient pas.

ponts, des collections de rivets entièrement en plomb, avec la rivure parfaitement moulée à la bouterolle.

Ce sont surtout les rivets qui se trouvent dans les parties difficilement accessibles qui sont ainsi remplacés par des rivets simulés; on m'a montré une tête d'un rivet très important qui avait été remplacé par un bouchon de vin de champagne, dont le liège était rendu sphérique tout comme la bonne rivure, à l'aide d'une bouterolle chauffée au rouge.

1er Novembre 1903.

CONCLUSIONS

Je déduis de cette étude que pour obtenir un rivetage aussi parfait que possible, il faut remplir les conditions suivantes :

Alésage. — Le remplissage des trous par les rivets s'effectue d'autant mieux que les trous sont plus lisses; il est donc nécessaire de les aléser après l'assemblage des différents éléments qui composent les pièces à river (p. 77 à 83).

Si les rivets sont en fer, il faut fraiser les deux extrémités des trous (p. 134).

RIVETS. — *Nature du métal.* — Pour les chaudières et les ponts métalliques, les rivets en acier doivent seuls être employés (p. 123).

Le métal à choisir est l'acier doux de 35 kilog. à 45 kilog. de résistance à la traction avec une striction $\dfrac{S - S'}{S}$ d'au moins 0,60, ces chiffres n'étant donnés qu'à titre d'indication approximative.

La condition de réception à imposer est l'essai de pliage au choc sur barrette de 8 mm. × 10 mm. de section et 30 à 35 mm. de long, entaillée d'un trait de scie (fig. 135), cette éprouvette étant prise dans un morceau de l'acier à rivet, chauffé préalablement à une température au moins égale à celle que supporteront les rivets à leur chauffage de pose.

Cette éprouvette devra absorber au moins 20 kgm. pour se rompre.

L'appareil de choc devra avoir une hauteur de chute de 4 mètres au moins et être facilement tarable; tout appareil qui ne permettrait pas au contrôleur de vérifier l'exactitude de l'instrument de mesure, par un tarage facile et certain, devra être proscrit.

Si, de plus, on veut avoir sur le métal, dans l'état final où il sera employé, des renseignements équivalents à ceux que donnent les essais de traction, on pourra cisailler l'un des débris de l'éprouvette de choc et obtenir rapidement ainsi, par simple lecture du diagramme, la limite élastique, la résistance à la rupture et la ductilité définie par l'allongement de striction (1).

Le poids des rivets entre pour une faible proportion dans l'ensemble d'un pont ou d'une chaudière; étant donné l'importance de la résistance des pièces rivées, on peut, sans augmenter sensiblement le prix d'une chaudière ou d'un pont, imposer pour les rivets une qualité de métal d'un prix relativement élevé; les aciers au nickel sont assez indiqués par leur grande résistance vive (p. 124).

---

(1) *Revue de Métallurgie*, mai 1906. *Résistance au cisaillement des aciers de construction.*

Dimensions et forme des têtes. — Les dimensions adoptées pour les rivets employés dans les constructions métalliques, dimensions reproduites à la page 131, sont rationnelles.

Les rivets actuellement employés remplissent mal les trous, surtout s'ils ont une grande épaisseur à serrer; il faut recourir aux rivets à collet nourricier (p. 72).

Chauffage des rivets. — Pour que le métal remplisse les trous et ne subisse pas de déformations locales à des températures voisines du bleu, il faut que les rivets soient chauffés uniformément sur toute leur longueur; il faut aussi qu'ils ne soient pas chauffés au delà d'une température déterminée d'après leur nature. — Ces conditions ne peuvent être remplies qu'avec un chauffage sur la sole d'un four à réverbère (p. 136).

Les forges portatives et surtout les fours à lanterne devront être proscrits.

Pour les rivetages moins importants, ou lorsque le four à réverbère ne pourra pas être employé, les rivets seront chauffés dans des boîtes en tôle ou des cornues en terre réfractaire, de telle façon qu'ils ne soient jamais en contact avec le combustible.

Pression sur le rivet. — La pression nécessaire pour écraser à chaud un rivet varie avec son diamètre, la dureté du métal, la température de pose, la durée de l'écrasement, et aussi avec l'importance de l'écrasement de la bavure. Il est donc difficile de déterminer avec précision la pression à imposer. Néanmoins les expériences rapportées permettent d'affirmer que la pression de 90 kilog. par millimètre carré de la section du fût du rivet est un minimum irréductible pour les rivets en fer, et qu'il faut demander une pression effective de 120 kg. à 160 kg. pour les rivets en acier de 35 kg. à 45 kg. de résistance à la rupture (p. 101).

Durée de la pression. — Il est indispensable de maintenir la pression maximum sur le rivet, pendant *au moins trente secondes* (p. 102).

Forme de la bouterolle. — La bouterolle devra avoir un bord de largeur réduite, ne dépassant par 1ᵐᵐ,2 (p. 70).

Riveuse. — Il faut proscrire : 1° tout système de riveuse nécessitant, à chaque changement d'épaisseur à river, un réglage exact et préalable des bouterolles (p. 25); 2° toutes les riveuses à pression sans durée (p. 27); 3° celles dans lesquelles la pression n'est maintenue que par une soupape de retenue (p. 102).

Les riveuses hydrauliques actionnées par accumulateur (fig. 25, 26, 28) sont préférables à toutes les autres, parce qu'elles fournissent une quantité d'énergie accumulée qui peut être restituée en un court espace de temps; elles n'exigent pas de réglage exact préalable des bouterolles; la pression sur les rivets peut être maintenue avec certitude pendant le temps nécessaire; elles continuent à fournir de l'énergie pendant l'écrasement supplémentaire de la rivure lors de son refroidissement sous pression maximum.

Les marteaux pneumatiques sont recommandables pour les rivets de petit diamètre et n'ayant que de faibles épaisseurs à serrer ; ces riveuses à chocs successifs et rapides présentent l'avantage de pouvoir river en dessous et d'atteindre, dans les coins, des rivets qui ne sont pas accessibles à d'autres types de riveuses.

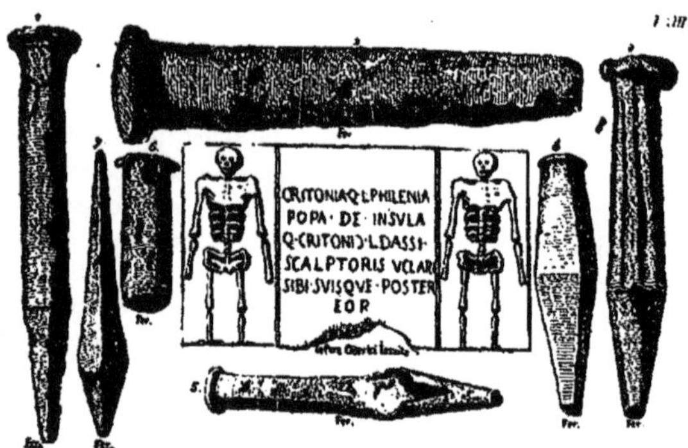

Fig. 184. — Outillage d'un chaudronnier Gallo-Romain
(Arts et Métiers des anciens. — Grivaud de la Vincelle).

TABLE DES MATIÈRES

Paris. — Typ. Philippe Renouard, 19, rue des Saints-Pères. — 46138.

Original en couleur

NF Z 43-120-8

Monographie agricole du Pas-de-Calais, par M. TRIBONDEAU, ingénieur-
agronome. Un volume in-4° de 294 pages avec gravures dans le texte et un
atlas de 9 cartes en couleur.

PRIX : Broché, **15** FR.

CONSEIL D'ADMINISTRATION

DÉLIBÉRATION DU 1ᵉʳ JUIN 1864

Par délibération du Conseil, en date du 1ᵉʳ juin 1864, il a été décidé que les membres de
la Société prendraient désormais les titres suivants :

1° DONATEURS. — MEMBRES PERPÉTUELS. — Ils reçoivent le *Bulletin* de la Société à perpé-
tuité. Ce droit est transmissible soit à un établissement public, soit à un établissement reconnu
comme étant d'utilité publique, soit enfin à un membre de la Société, ou à une personne
qui sera admise à en faire partie, suivant les formalités ordinaires, après la transmission. —
La cotisation est de 1 000 francs une fois payés ;

2° MEMBRES SOUSCRIPTEURS A VIE. — Ils reçoivent, pendant leur vie, le *Bulletin* de la Société.
— La cotisation est de 500 francs une fois payés ;

3° MEMBRES ORDINAIRES. — Ils sont soumis à la cotisation annuelle de 36 francs, et reçoivent
également le *Bulletin* de la Société.

Les noms des membres perpétuels et des membres à vie figurent en tête de la liste des
membres de la Société, avec ceux de ses bienfaiteurs.

Les donations et souscriptions perpétuelles ou à vie sont capitalisées ; le capital en est
inaliénable : elles forment des chapitres spéciaux au budget de la Société.

Par décision de la Commission du *Bulletin*, MM. les Membres du Conseil et les sociétaires sont
prévenus que le prix des tirages à part a été fixé de la manière suivante :

	NOMBRE D'EXEMPLAIRES.					
	100	200	300	400	500	1 000
	fr. c.	fr. c.	fr. c.	fr. c.	fr. c.	fr. c.
TIRAGE A PART DU TEXTE.						
Pour une feuille in-4° (8 pages), remise en pages, composition du titre, impression et papier	11 »	16 »	21 »	25 »	29 »	41 »
Pour une demi-feuille in-4° (4 pages), mêmes détails	5 50	8 »	10 50	12 50	14 50	22 »
Pour un quart de feuille in-4° (2 pages), mêmes détails	5 »	7 50	10 »	12 »	14 »	20 »

*Les frais de brochure et de couverture ne sont pas compris dans les
prix ci-dessus, ainsi que le tirage des bois intercalés dans le texte.*

TIRAGE A PART DES PLANCHES	100	200	300	400	500	1 000
Planches simples, tirage et papier	4 10	8 20	12 30	16 40	20 50	41 »
— doubles, *idem*	6 45	12 60	19 35	25 80	32 25	64 50
— triples, *idem*	8 25	16 50	24 75	33 »	41 25	82 »

S'adresser, pour tous les tirages à part, au bureau de la rédaction du **BULLETIN**